经典
收藏版

墨菲定律

Murphy's Law

张文成 著

古吴轩出版社
中国·苏州

图书在版编目（CIP）数据

墨菲定律 / 张文成著. — 苏州：古吴轩出版社，2017.6（2019.4重印）

ISBN 978-7-5546-0949-1

Ⅰ.①墨… Ⅱ.①张… Ⅲ.①成功心理—通俗读物 Ⅳ.①B848.4-49

中国版本图书馆CIP数据核字（2017）第137259号

责任编辑：蒋丽华
见习编辑：顾 熙
策　　划：张 历
装帧设计：平 平

书　　名：墨菲定律
著　　者：张文成
出版发行：古吴轩出版社
地址：苏州市十梓街458号　　邮编：215006
Http：//www.guwuxuancbs.com　　E-mail：gwxcbs@126.com
电话：0512-65233679　　传真：0512-65220750
出 版 人：钱经纬
经　　销：新华书店
印　　刷：天津旭非印刷有限公司
开　　本：900×1270 1/32
印　　张：8.5
版　　次：2017年6月第1版
印　　次：2019年4月第5次印刷
书　　号：ISBN 978-7-5546-0949-1
定　　价：32.80元

目录

第一章

镜中我效应：突破思维界限，认识真正的自我

镜中我效应："镜中我"与"真的我"/ 002

自我服务偏见：我很优秀，而你只是运气好/ 005

沉锚效应：被沉锚带偏的"独立思考"/ 009

瓦伦达效应：越在意的，就越容易失去/ 012

库里肖夫效应：眼中的世界，其实就是内心的世界/ 015

第二章

墨菲定律：如果有可能出错，就一定会出错

墨菲定律：唯有计划周全，方能避免失误 / 020

酝酿效应："不思考"也是一种思考方式 / 023

控制错觉定律：相信直觉，但别迷信直觉 / 026

羊群效应："从众"和"盲从"的临界点在哪里 / 029

巴纳姆效应：似是而非的"真理"一无是处 / 032

奥卡姆剃刀原则：砍掉一切烦琐的旁枝 / 036

第三章

踢猫效应：坏情绪会传染，但也可以被管理

踢猫效应：坏情绪的连锁反应 / 040

野马结局：愤怒是一种自我毁灭 / 043

海格力斯效应：无视仇恨，仇恨就会无视你 / 047

霍桑效应：适度发泄，才能轻装上阵 / 050

习得性无助：没有绝望的环境，只有绝望的心态 / 053

卡瑞尔公式：接受最坏的，追求最好的 / 056

第四章

约拿情结：从自我提升到自我突破

约拿情结：不仅害怕失败，也害怕成功 / 060
跳蚤效应：不要轻易给自己的人生设限 / 063
洛克定律：合理的目标才是合适的目标 / 066
瓦拉赫效应：补足短板，还是经营优势 / 069
内卷化效应：跑起来，别让生活原地打转 / 074
青蛙效应：无视危机才是真正的危机 / 077

第五章

马太效应：优秀源于一次次试错

马太效应：成功是成功之母 / 082
安慰剂效应：暗示能带来扭曲现实的力量 / 085
马蝇效应：如何把压力转化为动力 / 088
布里丹毛驴效应：选择之前不犹豫，选择之后不后悔 / 091
基利定理：成功的核心在于不被失败左右 / 094
贝尔纳效应：每一条路都必然通向一个终点 / 097

第六章

首因效应：人际交往中的心理学法则

首因效应：良好的第一印象是成功的一半 / 102

近因效应：留下最好的“最后印象” / 105

晕轮效应：别被“光环”迷了慧眼 / 108

刻板印象：最不靠谱的“第零印象” / 110

曼狄诺定律：不懂社交技巧？那就微笑吧 / 113

虚假同感偏差：换位思考，而不是以己度人 / 117

第七章

自重感效应：成为社交达人的心理学技巧

自重感效应：让人觉得自己重要，这很重要 / 122

相悦法则：我喜欢你因为你喜欢我 / 125

阿伦森效应：我们厌恶那些带给我挫败感的人 / 128

多看效应：提高曝光度，提升好感度 / 131

改宗效应：想讨人喜欢？那就反驳他吧 / 134

出丑效应：做别人眼中“不完美的人” / 137

第八章

路西法效应：所谓“心术”，不过是人性的博弈

路西法效应：好人真的好，坏人真的坏吗 / 142

米尔格伦实验：所谓“良知”，底线有多坚固 / 145

破解囚徒困境：引入反复博弈，化被动为主动 / 148

智猪博弈：多劳多得，少劳也不少得 / 152

斗鸡博弈：最坏的结果是两败俱伤 / 156

枪手博弈：决胜负不一定要靠实力 / 159

第九章

互惠法则：如何让他人对自己言听计从

互惠法则：说服力不是说出来的，而是做出来的 / 164

承诺一致性原理：让对方自己说服自己 / 167

登门槛效应：步步为营，走进对方内心 / 171

门面效应：用不可能完成的任务给对手下套 / 174

禁果效应：越“禁”越“诱惑” / 177

超限效应：越说服，越反感 / 181

第十章

凡勃伦效应：避开投资、消费中的种种陷阱

凡勃伦效应：揭穿价格的定位陷阱 / 186

吉芬之谜：透过价格迷雾看清供需本质 / 189

消费者剩余：买得值不值，自己说了算 / 193

稀缺效应："稀缺"是刻意营造的心理压迫 / 196

折扣效应：被理性驱使的感性消费 / 200

博傻理论：蠢不可怕，别做最蠢的那个就行 / 203

第十一章

路径依赖法则：到底是做事重要，还是做人重要

路径依赖法则："第一份工作"是成功的一半 / 208

蔡格尼克记忆效应：要做好一件事情的最好方法，就是立刻开始做 / 212

布利斯定理：计划越充分失败概率越小 / 215

权威效应：权威引出的决策的惰性 / 218

古德曼定律：没有恰当的沉默，就没有良好的沟通 / 221

工作成瘾综合征："工作狂"是一种心理疾病 / 225

第十二章

彼得原理：把恰当的人放在恰当的位置上

彼得原理：给每个人找到合适的位置／230
德西效应：挖掘真正的“内部动机”／233
不值得定律：“必须做”不如“值得做”／236
雷尼尔效应：用“心”留人，胜过用“薪”留人／239
罗森塔尔效应：寄予什么样的期望，就会培养什么样的人／242
破窗效应：不要轻易打破任何一扇窗户／246

第十三章

史华兹论断：合适的选择，就是好的选择

史华兹论断：“幸福”与“不幸”／250
贝勃定律：幸福本质上是种“敏感度”／253
狄德罗效应：幸福来自给生活做减法／256
鳄鱼法则：关键时刻的取舍之道／259

第一章

镜中我效应：

突破思维界限，认识真正的自我

镜中我效应：
“镜中我”与“真的我”

“镜中我效应”，是1902年由美国社会学家查尔斯·霍顿·库利提出的，这个理论认为：“一个人的自我观念是在与其他人的交往中形成的，一个人对自己的认识是其他人对于自己看法的反映，他所具有的这种自我感觉，是由别人的思想、别人对于自己的态度所决定的。”

在《人类本性与社会秩序》一书中，库利做了一个形象的比喻：“每个人都是另一个人的一面镜子，反映着另一个过路者。”所以，这个理论又被称作“镜中我效应”。

顾名思义，“镜中我效应”的内涵是，就像我们只能从镜子里看到自己的长相，“我”对自我的认知也都是来源于别人对我的看法。因此，与一般社会心理学理论所提倡的“不要在意他人看法”的观点相反，“镜中我效应”指出，每个人的“自我观”，都是通过与他人的相互作用形成的。

首先，我们会想象他人是如何“认识”自己的。其次，我们会想象他人在这个认识之上是如何“评价”自己的。最后，我们会根据别人对自己的“认识”和“评价”产生某种感情，这种感情将主导我们对自己的认知。

举个例子，“我”向慈善机构捐了五十元钱，然后，通过别人的种种评价和反应，去想象他们对“我”的认识——一个正在参与慈善活动的人。接着，通过他人的口头评论或者其他反馈渠道，“我”认为，他人对“我”的评价是“热心、善良的人”。

然后，“我”对这种认识和评价感到十分喜悦，并因此进一步认识了自己，相信自己确实是个热心、善良的人。之后，“我”也会继续以这种标准来要求自己——这就是一个人的自我观的形成过程。

相反，在同样的例子中，“我”向慈善机构捐了五十元钱，然后，“我”发现别人对“我”的评价是“一个假装热心于慈善事业的伪善之人”。这个评价会让“我”审视内心，相信自己参与慈善并不是因为伪善。于是，“我”会产生愤怒和排斥的情绪，同时，在这种情绪中也进一步认清自己——“我”绝不是一个伪善的人。

小说中常常会有这样的情节：一个无恶不作的人，仿佛心里住着魔鬼，骨子里流着邪恶的血液。某一天，他来到一个陌生的地方，在机缘巧合下做了某件好事，于是，所有人都赞扬他，认为他是圣人。

慢慢地，他也真的相信自己是个好人，然后，他开始用“好人”的标准来要求自己，也逐渐发掘出了自己人性中的善良。在小说最后，他往往会为了保护那些认为他是“圣人”的人，和过去邪恶的伙伴反目成仇，并用生命赎清了自己过往的罪孽，完完全全成了圣人。

这就是一个“镜中我”塑造“真的我”的过程，故事虽然俗套，可其中所蕴含的心理学依据却非常充分。在现实生活中，我们常常也会碰到类似的场景：

有一位女子抱着小孩儿上火车，车厢中早已坐满了人。其中，一个年轻人正躺在座椅上睡觉，一个人却占了两个座位。孩子哭闹着要坐，并用手指着那个年轻人。但是年轻人假装没听见，依旧躺着睡觉。这时，孩子的妈妈用安慰的口吻说："这位叔叔太累了，让他睡一会儿吧，他睡醒了肯定会腾出座位来的。"

几分钟之后，那个年轻人睁开了眼，一副刚刚睡醒的样子，然后坐直了身子，把另一个座位让给了那个抱孩子的女子。

小孩子哭闹着要坐，年轻人不理不睬，妈妈的一句安慰之语却让年轻人客气地让座，这其中的奥妙就在于年轻人对自己的"自我评价"变了。

可想而知，一开始，年轻人对自己的认知是"我占着两个座位，你们能拿我怎样"的无赖心理。但是，当他听到那位女子对自己的评价后，他对自己的认知也悄然变成了："我是一个通情达理的人，只是太累了，需要休息一会儿。"

他的"自我观"变化了，随即，其相应的行为也就跟着变化了。

可见，个体与社会如此相关，个体往往需要通过社会中其他人的评判，才能完成对自我的认知。

这一点告诉我们，我们是什么样的人，很多时候是由社会反馈决定的，别人认为我们是什么样的人，我们就可能成为什么样的人。

自我服务偏见：
我很优秀，而你只是运气好

澳大利亚的一位心理学家曾对任职于某家公司的经理级高管的自我认知度做过一个调查，结果发现，90%的高管对自己的成就评价超过对普通同事的评价。其中，86%的人对自己工作业绩的评价高于实际的平均水平，只有1%的人认为自己的业绩低于平均水平。

然后，心理学家虚构了一个全公司的平均奖金水平，让那些高管评价自己的报酬和能力关联，结果发现，当他们的奖金高于平均水平时，他们往往认为这是理所应得的——这是他们工作努力、成绩突出的合理报答。而当奖金明显低于平均水平时，他们往往觉得自己努力工作了却没有得到公平的待遇——总而言之，他们很少能坦然接受自己其实不如人的现实，并想办法改变；他们大都会怨天尤人，并找各种借口为自己开脱。

为什么会有这样的结果？是因为这家公司的高管都是自大狂吗？事实上，这其实是所有人的通病，在心理学上称为“自我服务偏见”。

美国心理学家戴维·迈尔斯在他的著作《社会心理学》中，对自我服务偏见定义：当我们加工和自我有关的信息时，会出现一种潜在的偏见。我们会一边轻易地为自己的失败开脱，一边则欣然地接受成功的赞誉。在很多情况下，我们认为自己比别人好。这种自我美化的感觉使多数人陶醉于自己优秀的一面，而只是偶尔瞥见其阴暗的一面。

通俗地说，这是人们在加工和自我有关的信息时，会出现的一种潜在的偏见。人们常常从好的方面来看待自己，当取得一些成功时，常常容易归因于自己，而做了错事之后，则怨天尤人，归因于外在因素，即把功劳归于自己，把错误推给别人。

比如，很多运动员在取得胜利后，一般会认为这是因为自身的努力，对于失败，则归咎于其他因素，如错误的暂停、不公平的判罚、对手过于强大、裁判吹黑哨……

在保险调查单上，出现了交通事故的司机们总是这样描述事故的原因：

“不知从哪里钻出来一辆车，撞了我一下就跑了。”

“我刚到十字路口，一个东西忽然出现，挡住了我的视线，以至于我没有看见别的车。”

“一个路人撞了我一下，就钻到我车轮下面去了。”

当公司利润增加时，很多CEO会把这个额外的收益归功于自己的管理能力，而当利润开始下滑时，他们则会想：究竟怎样才能让这些不争气的员工有点责任心呢？

甚至，在描述成功和失败时，我们所使用的主语都会发生一些变化，例如：

“我的历史考试考了个A。”

反之，一旦成绩不理想，则是：

“历史老师居然给了我一个C！”

加拿大的一些心理学家曾经研究过人们在婚姻生活中的自我服务偏见。

在一个全国性的调查中，他们发现，91%的妻子认为自己承担了大部分的食品采购工作，但只有76%的丈夫同意这一点。

其中，某个访谈案例提到，每天晚上，那位受访者和他的妻子都会把要洗的衣服随手丢到脏衣篮的外面。第二天早上，夫妻俩中的一个会把衣服拣起来放进篮子里。当妻子对丈夫说“这次该你去拣了”的时候，丈夫想的是“凭什么？十有八九都是我去拣的”。于是，他就质问妻子：“你觉得有多少次是你拣的？”“噢，”妻子答道，“差不多十有八九吧。”

这也是自我服务偏见的一种表现形式：在我们的记忆中，会不自觉地夸大对自己有利的信息，而忽略对自己不利的部分。所以，自我服务偏见又被称为“自利性偏见”。

正是因为如此，这种自我服务偏见很显然会造成许多人际冲突。在团队合作中，自我服务偏见会使合作中的人感觉是自己而不是其他合作者做出了主要贡献，在合作不顺利时倾向于批评合作者，这样很容易导致合作的终止。

而夫妻间的自我服务偏见，则容易导致夫妻在家务上争吵不休，使得夫妻关系不和……

自我服务偏见是一种归因错误，是影响人际交往的一大因素，所以，在与他人的沟通过程中，要尽量避免这种基本的归因错误，以维系和谐、良好的人际关系。

沉锚效应：
被沉锚带偏的“独立思考”

1974年，希伯来大学的心理学教授卡纳曼和特沃斯基做了一个实验。实验要求志愿者对非洲国家在联合国所占席位的百分比进行估计。

首先，他们随机给了每组志愿者一个百分比数字。然后，他们逐个暗示志愿者，这个随机数字比真实数字大或比真实数字小。最后，要求志愿者估计出一个真实数字。

有趣的是，志愿者最后估计出来的数字，都受到了一开始的随机数字的影响。比如，有两组志愿者得到的随机数字分别是10%和65%，而他们最终估计出来的数字分别为25%和45%——非常接近这两组志愿者一开始得到的随机数字。

卡纳曼和特沃斯基的这个实验，就是为了验证他们之前提出的“沉锚效应”。这个理论认为，人们做决策前，思维往往会被所得到的第一信息所左右，第一信息就会像沉入海底的锚一样，把你的思维固定在某处，从而产生先入为主的歪曲认识。

例如，志愿者明明知道一开始得到的数字是随机的，和真实数字毫无关联，但是，在估计真实数字时，还是下意识地将自己的估计锚定在随机数字的一定范围内。

之所以称为“沉锚”，是因为这个锚点埋于意识的深处，很多人甚至都意识不到自己已经被埋入了锚点，以为自己是通过独立思考做出了决策，其实，已经不知不觉地被各种先入为主的信息误导了。

有一个非常有名的故事，说的是有一家卖三明治的小店，店里有两个售货员，其中一个售货员永远比另一个售货员的营业额要高。要知道，在购买快餐时，顾客一般都是随机选择售货员的，甚至会选择排队人数较少的那个售货员。所以，不管有多少个售货员，从理论上说，他们的营业额是不应该有太大区别的。

这种现象引起了老板的注意。于是，有一天，他特意站在柜台边观察，然后发现，每当客户点餐的时候，其中一位售货员会问他：“需要加一个煎蛋吗？”客户有说加的，也有说不加的，比例基本是1∶1对开。而另一个售货员则问：“请问，需要加一个煎蛋还是两个煎蛋？”这时候，至少有70%的顾客会下意识地回答“加一个”或者“加两个”，只有30%的客户要求“不加鸡蛋”。

自然而然地，后一个售货员的营业额比前一个售货员的高出许多。

这就是一个典型的对“沉锚效应”的应用。后一个售货员成功地在顾客做出决策之前就埋下了一个“沉锚”——他要煎蛋，因此，顾客的思考范围被锚定在了“需要几个鸡蛋”上面，只有少数人会想到，他还有第三种选择——不要鸡蛋。

当然，思维锚定是人的心理反应，要想彻底克服它绝非易事。我们在思考问题的时候，总会不自觉地接收大量信息，从而形成某种思维范式，而这些信息一方面有助于我们思考，另一方面很有可能成为某种“沉锚”，反而锚定了我们的思维。

那么，该如何避免或减少“沉锚效应”呢？首先，你需要尽量拓宽视野，不断学习与实践，集思广益，多多听取别人的建议与方法，所谓“先入为主”，其实归根结底是接收的信息量太小。

人的大脑很奇特，当处理的信息越少，对信息的分辨能力就越弱。相反，在处理海量信息的时候，大脑反而会高速运转，判断哪些信息是有价值的，哪些是无意义的“沉锚”。

例如，当第一次见到某个人的时候，我们可以完全忽略之前听到的关于这个人的只言片语，用自己的眼光去做判断，也可以通过事先收集大量关于这个人的信息，用于辅助见面时对此人的判断。对事情也是一样，遇到一件事情，要么就完全忽略之前的信息，当场分析事情本质然后做决定，要么就集思广益，深入而全面地思考。

总而言之，避免“沉锚”的两个重要方法：一是彻底无视之前的所有信息，剔除“沉锚”的隐患——但是这个实际做起来是很难的；二是大量地收集信息，全面分析问题，最后做出理性的判断，把“沉锚”的影响降到最低。

瓦伦达效应：
越在意的，就越容易失去

“瓦伦达效应”得名于美国著名的钢索表演艺术家瓦伦达。瓦伦达一直以精彩而稳健的高超演技而闻名，从未出过事故。1978年，73岁的瓦伦达决定，最后走一次钢丝作为告别演出，然后宣布退休。

他将表演地点选在了波多黎各的海滨城市圣胡安。没想到，以前从来没有出过任何差错的瓦伦达这次却彻底失败了——当他刚刚走到钢索中间，仅仅做了两个难度并不大的动作之后，就从数十米高的钢索上摔了下来，当场身亡。

事后，他的妻子说：“我知道，这次一定会出事。因为他在出场前就不断地说，‘这次太重要了，不能失败’。以前每一次成功的表演中，他都只是想着走好钢丝这件事本身，而不去管这件事可能带来的一切。而在最后一次的表演中，瓦伦达太想成功了，反而无法专注于事情本身，变得患得患失。如果他不去想这么多走钢索之外的事情，以他的经验和技能，是不会出事的。”

在这之后，这种在巨大心理压力之下患得患失的心态被心理学家命名为“瓦伦达心态”，又称“瓦伦达效应”。

我们常说，“压力就是动力”，但“瓦伦达效应”告诉我们，压力是一把双刃剑，驾驭得当可化为杀敌万千的利器，反之则可能会摧残自身。

压力心理研究鼻祖汉斯·赛叶医生将压力分为有害的不良压力和有益的良性压力：良性压力能够给人以动力，使人愉快并能有效地帮助人们生活；而不良压力不仅使人感到无助、灰心、失望，还会引起身体和心理上的不良反应。

“瓦伦达效应”就属于这种“不良压力”。这是一种非理性的压力，因为这种压力的根源是人的患得患失的心态，并不是担心自己不够好从而想办法提升自我，而是在反复担心“失败后怎么办”。前者带来的是正面情绪，而后者带来的则是实实在在的负面情绪，会使一个人的精力分散，最终浪费在无用的胡思乱想上。如此一来，又怎么会成功呢？

其实，他们不知道的是，与其因患得患失而最终品尝失败的苦果，不如一开始就放手一搏，这样反倒会有成功的可能。

美国20世纪60年代的著名演讲家约翰·琼斯年轻时参加过一个演讲比赛。这场比赛是迈阿密大学组织的，选手来自全美的名校，赞助公司包括卡耐基学校等培训界名校。

一路过关斩将进入半决赛的时候，琼斯感到非常紧张。首先是因为这场比赛对他来说很重要，他希望能借此进入演讲界的圈子中；其次，在经过一系列搏杀后，对手的实力也让他感觉有些胆怯。在这种心理的驱使下，琼斯一拿起演讲稿，就感觉心跳加速、喉头痉挛，试讲的时候，他甚至开始大段大段地忘词。

眼看着比赛日期临近，琼斯的状态却越来越差，他几乎就要放弃了。当放弃的念头在脑海中闪过时，琼斯振作起精神，暗暗地告诫自己——无论如何都不能放弃！即使最终被淘汰出局，也不能主动放弃！有了这样的想法之后，琼斯开始慢慢接受自己在比赛中被淘汰的可能性，奇怪的是，他反倒不紧张了。

最后比赛的时候，没有了心理负担的琼斯完全放开了，他那声情并茂的演讲征服了评委，也让对手佩服有加。随后，他成功地闯进了决赛。

这一次经历，让约翰·琼斯具备了一个演讲家最重要的能力，即从容面对大场面的能力，这为他的成功铺平了道路。

“瓦伦达效应”其实非常简单：过度紧张带来的压力，摧毁了长期训练所形成的无意识反应能力。所谓“熟能生巧”，当出现某些意外情况的时候，一个技巧熟练的人会下意识地做出正确的应对——这并不是运气，而是在日常训练中获得的潜意识记忆。

而患得患失的心理让人的注意力高度集中于自己正在做的事情，连一些最基本的应对都需要深思熟虑（比如，先迈左脚还是先迈右脚），最终导致的结果就是反应变慢，思维也就跟着变迟钝了。

库里肖夫效应：眼中的世界，其实就是内心的世界

“库里肖夫效应”最早是指苏联导演库里肖夫发现一种电影现象。当时，他为苏联著名演员莫兹尤辛拍摄了一组静止的、没有任何表情的特写镜头，然后，把这些完全相同的特写与其他影片的小片断连接成三种组合：

第一个组合是莫兹尤辛的特写后面紧接着一张桌子上摆了一盘汤的镜头。第二个组合是莫兹尤辛的镜头后面紧接着一个躺在棺材里的女尸镜头。第三个组合是这个特写后面紧接着一个小女孩在玩一个滑稽的玩具狗熊的镜头。

当库里肖夫把这三种不同的组合放映给一些不知道其中秘密的观众看的时候，效果是非常惊人的：观众对艺术家的表演大为赞赏。他们指出：莫兹尤辛看着那盘汤时，陷入了沉思；莫兹尤辛看着女尸时，表情又是如此悲伤；而观察女孩玩耍时，莫兹尤辛更是将轻松、愉快的表情表现得十分自然——然而，事实上，拍摄时的莫兹尤辛始终毫无表情。

之所以会产生“库里肖夫效应”，是因为观影者将自己的经验投射到了眼前的镜头中，从而产生了联想。在我们过去的观影或者日常生活经历中，一般而言，看到尸体就会让人联想到悲伤，而看到玩耍的小孩会让人联想到愉快——换句话说，观影者所看到的，其实只是自己的联想的心理投射而已。

“库里肖夫效应”对于蒙太奇这种电影艺术的运用有着很大的指导意义，在现实生活中也同样发挥着重要作用，尤其是各大品牌对于商标名称和商标图案的选择，无不是对“库里肖夫效应”的灵活运用。

诞生于1886年的Coca-Cola饮料一经问世，便大受欢迎。20世纪20年代初，这个国际品牌首次进入中国市场，几年下来却发现，和其他国家市场的火爆相比，中国市场对可口可乐的反响简直可以用惨淡来形容，几乎是无人问津。

这是什么原因呢？ Coca-Cola公司总部派出市场人员在调研后发现，问题出在中文译名上——当时正值民国时期，翻译者的文笔十分古奥，并未关注译名是否通俗上口，居然将Coca-Cola翻译成了“蝌蝌啃蜡”。

蝌蝌啃蜡——这只是一个毫无意义的音译，却产生了严重的库里肖夫效应：中国受众面对这个名字，首先想到的就是难喝，甚至恶心，因为中国有个成语叫“味同嚼蜡”。而且，在中文中，“蝌”这个字只对应词语“蝌蚪”，就是那些黑乎乎、黏糊糊的青蛙幼体。这就导致了中国受众直接将“蝌蚪”和“嚼蜡”的心理投射到了

Coca-Cola身上，即使明白这只是毫无意义的音译，但依然忍不住排斥与厌恶心理。

直到20世纪80年代，Coca-Cola品牌再次进入中国市场，这一次，它选择了一个全新的译名——可口可乐。从此，可口可乐引爆了中国饮料市场。

同一种饮料，同一个名字，只因翻译的用字不一样，就让消费者产生了不同的情绪反应，这无疑是“库里肖夫效应”的生动诠释。

这个案例对于各大跨国公司的本土化战略有着深远的指导意义。直到今天，在美国许多商学院的本土化战略教材中依然会提到它。

无论是商标的设计还是商品名的选用，除了需便于识别之外，一个重要的指标就是必须在各个文化圈中都能引起美好的联想的“库里肖夫效应”。从消费角度来看，商品名称、商标等商品标识不只是一种代称那么简单，很多时候都能带来各种情绪投射反应，从而影响购买者的心理。

“理性人假设”是经济学的一个重要的假设前提，但在心理学上，人们从来都不是纯理性的，大量的情感因素影响着人们认知世界的结果。很多时候，人们看到的世界，其实只是自己内心世界的一个投影而已。

第二章

墨菲定律：

如果有可能出错，就一定会出错

墨菲定律：唯有计划周全，方能避免失误

1949年，美国爱德华兹空军基地的工程师爱德华·墨菲上尉参与了一项旨在测定人类对加速度承受极限的实验——MX981火箭减速超重实验。

其中有一个实验项目，需要将十六个传感器固定在受试者座椅的支架上。传感器需要安装两根接线，一旦接反的话，就无法正常读取数据。而不可思议的是，当这些传感器安装完毕后，墨菲上尉发现，这十六个传感器的接线居然无一例外地被全部接反了！

事后，墨菲上尉承认，这是由于自己在设计传感器的时候没有考虑到居然会有人把线接反，他自嘲道："如果一件事情有可能以错误的方式被处理，那么，最终肯定会有人以错误的方式去处理它。"

而这句自嘲，也成了20世纪最著名的心理学定律——"墨菲定律"。

"墨菲定律"诞生在20世纪中叶，正是欧美国家经济迅速增长、科技爆炸的时代，西方世界充满了一种自信、乐观的精神，相信人

类终将克服一切困难，改造一切，没有什么问题是战胜不了的。而“墨菲定律”则给当时的人们敲了一下警钟：技术会日臻完美，而人却始终会出错。如果没有考虑到事情的全部可能性，只要事情有做错的可能，那肯定会有人去把事情做错。

只要有人参与，就不可能确保每一个环节都不犯错，环节越复杂，参与的人越多，出错的概率就越大。可以说，我们解决问题的方法越高明，我们将要面临的麻烦就越严重——事情永远会出错，最坏的情况永远会发生。

之后，人们又将墨菲定律进一步深挖，从中阐释出四个方面的内涵：

一、任何事情都不会像它表面上看起来那么简单。

二、所有任务的完成周期都会比你预计的时间长。

三、任何事情如果有出错的可能，那么就会有极大的概率出错。

四、如果你预感可能会出错，那么它就必然会出错。

墨菲定律简直就是悲观主义的论调：既然事情永远都不可能向最好的方向发展，而一旦有可能变糟，它就一定会变糟，那么，在墨菲定律面前是不是就只能听天由命了呢？

幸好，事物都是有两面性的，换一个角度看，墨菲定律恰恰是在提醒我们，要从细枝末节上重视出错的各种可能性，事先做好周全的预案，将尽可能多的隐患扼杀在萌芽状态。

可以说，墨菲定律一方面警告我们最坏的情况肯定会发生，不管对技术还是对概率都不要有盲目的自信；另一方面也提醒我们，事先一定要考虑到每一种可能性，防微杜渐，消除潜在的隐患。

发生于2014年的亚航空难，导致飞机上162人全部罹难，综合各种调查结果，这次事故是由两个意想不到的问题所引发的。

属于印度尼西亚亚洲航空公司的这架空客A320型飞机，2014年12月28日在从泗水飞往新加坡的途中坠毁。当时，飞机的FAC（飞行增稳计算机系统）有一个焊点接触不良。这个故障早就存在，而且，在失事的前一年中，这种故障就出现了23次，每次，都只能靠机长去副驾驶座后方手动拔掉FAC跳开关。

手动拔开关毕竟是小事，所以一直没有引起重视。直到事故之前，机长再次离开座位去拔掉FAC跳开关，由副驾驶操纵飞机。然而，这次飞机的FAC正处于某一个临界状态，拔掉FAC跳开关之后，飞机迅速爬升，而这种情况远远超出副机长的操纵能力范围，从而错过了最佳的应对时机，致使飞机超出了正常的飞行包线进入失速状态，最终，导致了空难的发生。

亚航空难发生后，大量航空公司吸取教训，在进一步严格测试流程、防微杜渐的基础上，加强了飞行员训练科目，加入了高空飞行和极端姿态飞行训练，以保障在飞机突然失速的情况下，飞行员能拥有足够的应对能力。

中国有句古话："万事必作于细。"既然最坏的情况总会发生，那么，至少，我们可以提前做出一个周全的预案——这就是墨菲定律带给我们的最大启示。

酝酿效应：
“不思考”也是一种思考方式

流体静力学中有一个重要原理——浮力定律。它的发现过程充满了戏剧性。

传说，古希腊的希伦王召见阿基米德，让他鉴定纯金王冠是否掺假。接到这个任务后，阿基米德冥思苦想多日，始终没有找到合适的方法。于是，有一天，他决定先停下手头的工作，泡个热水澡放松一下。在跨进澡盆洗澡时，有一部分水从浴盆边溢了出来。而且，他还发觉自己入水愈深，身体就愈轻。

于是，他恍然大悟，通过计算将王冠沉入水中排出的水量解决了国王的疑问，并有了关于浮力问题的重大发现。

阿基米德发现浮力定律的这一戏剧性过程，后来被心理学家归纳为“酝酿效应”——很多时候，当我们尽力去解决一个复杂的或者需要创造性思考的问题时，无论耗费多少精力都找不到正确的思路。在这种时候，暂时停止对问题的积极探索，反而可能会产生关键性的灵感，而这就是“酝酿效应”。

心理学家认为，所谓的“酝酿”过程并不是停止思维，而是将原先的整个思维过程转入潜在的意识层面，通过潜意识对储存在记忆里的相关信息进行组合，从而获得类似于“灵感”的思维状态。而这种状态的触发因子就是中途的休息过程。在放下难题之后，大脑消除了前期的心理紧张，忘记了前面不正确的、导致僵局的思路，反而有利于在潜意识层面形成具有创造性的思维状态。

意大利美学家克罗齐提出过一个观点：人的知识有两种，一种是直觉的，一种是逻辑的，前者是“从想象中得来的”，后者是“从理智中得来的”。当逻辑思维走进死胡同的时候，通过放松和休息的“酝酿”过程，将思维的工作交给直觉，通过大脑中隐含的某种迅速而直接的洞察和领悟，反而能获得意想不到的结果。

1971年，美国心理学家西尔维拉曾设计过一个实验，专门演示“酝酿效应”。

西尔维拉选取了三组性别、年龄和智力水平等都大致相同的志愿者，要求他们思考同一道难题。

根据实验要求，第一组有半个小时来思考，中间不允许休息；第二组先思考十五分钟，然后无论解出与否都要休息半小时，然后再回来思考十五分钟；第三组与第二组类似，仍是前后各思考十五分钟，但是中间休息的时间延长到四个小时，用于打球、玩牌等休闲活动。

试验结果是，第一组有55%的人解决了问题，第二组有64%的人解决了问题，第三组有85%的人解决了问题。

实验结束后，西尔维拉依次记录每个志愿者的解题过程，发现第二、三组志愿者休息完后再回头来解题时，并不是接着之前已有的思路继续往下做，而是从头做起。

通过这次实验，西尔维拉确信，“酝酿效应”打破了解决问题的不恰当思路的定式，从而促进了新思路的产生。

很显然，这种把难题暂时放一放，穿插一些其他事情的做法，使人们不会陷入某一种固定的思维模式，能够采取新的步骤和方法，从而使问题更容易被解决。在生活中，我们都有过类似的体验。而由此延伸出来的很多观念，比如“劳逸结合”的工作理念，以及以分割时间为基础的各类时间管理方法，都是从“酝酿效应”中延伸出来的。

因此，当我们面临一个难题时，千万不要钻牛角尖，更不要因此而对自己的能力产生怀疑，因为很多时候，我们并不是解决不了难题，而是走进了僵化的思维定式中不能自拔。这时，不妨先把它放在一边，去做别的事情。通过暂时放下这个问题，消除掉僵化的思维模式，过几小时、几天，甚至很长时间之后再来拾起它，我们的大脑便能够运用新的思维模式去解决这个问题。

要相信我们的大脑，它比我们想象中更强大。人脑中隐含着某种迅速而直接的洞察和领悟，这种能力被称为“灵感”或“直觉”。要相信，即便我们停止思考问题，大脑中收集到的资料也不会消极地储存在那里，它会一直在意识深处，重组、加工原来存储的那些资料，进而产生新的想法。

控制错觉定律：
相信直觉，但别迷信直觉

所谓“控制错觉”，是指人类高估自己的非逻辑和非统计直觉，仅仅是在直觉的引导下做出一些非理性的判断。这是人类的本能，在漫长的进化过程中，人类一次次面临穷途末路，必须要相信自己的直觉，而不是把命运交给未知。

可以说，“控制错觉”所带来的自信，正是人类一步步走上进化链的顶端的动力之一。但很多时候，也正是这种本能，让我们常常会“自信地犯错”。

为了形象阐释“控制错觉”的负面效应，心理学家做过这样一个实验：

他们在一家公司出售一批彩票，大奖是五百万美元，每张彩票的售价则都是一美元。这其中，一半彩票是买主自己挑选的，另一半彩票则是由卖票人挑选的。到了开奖的那天，心理学家找到那些买了彩票的人，告诉他们有其他人想买这期彩票，希望他们能转让，同时询问他们能够接受的转让价格。

结果，那些一开始自己挑选彩票的人，他们开出的平均转让价格是8.16美元，高于售价的八倍，而那些没有亲手挑选彩票的人，他们的平均转让价格只有1.96美元。这其中的原因就在于，自己选彩票的人对于中奖的信心更强烈，因此对彩票的估价也就更高。

但从客观上来讲，偶然性的事件发生与否仅与概率相关，无论是自己选的还是别人选的，中奖概率都是恒定的。可是，在实际操作中，大家往往认为，自己精心挑选的彩票中奖的可能性会更大一些，因为从一开始，他们手里的彩票就是自己通过直觉选择出来的，而且，彩票作为一种纯概率游戏，选哪个号不选哪个号，除了直觉之外，没有任何可依据的。因此，在“相信自己的直觉”和“把命运交给概率”之间，那些自己选择彩票的人，几乎都倾向于选择前者。

这个世界充满了未知，像“运气”这种近似神秘主义的存在，更是让很多事情不可控。但是，人类在认知世界的过程中，会习惯地将物质世界划分成有次序、有组织、可预测、可控制的世界。而“直觉”就是人类对抗世界未知性的重要武器。

在美国西部地区的乡下住着一个农夫，他的家紧挨着一个大池塘，每天晚上，池塘里的蛙鸣声都扰得农夫难以入眠。

终于有一天，他被吵得忍无可忍了。农夫来到城里的一家餐馆，向老板打听是否需要青蛙，并说他那儿有数万只。餐馆老板听后吓了一跳，他告诉农夫：“你知道数万只青蛙是什么概念吗？我敢打赌，即使是一千只青蛙你都不会有。”

但是农夫信誓旦旦地保证，他“亲眼看到”自家后院的池塘里密密麻麻全是青蛙。“至少都有一万只！”农夫反复保证，他可以确信这一点。于是，农夫和餐馆签订了一项协议，在接下来的几个星期里向餐馆供应青蛙，每次五百只。

结果，第一次交货的时间到了，结局显而易见：农夫违约了。他家后院的池塘里只有两只青蛙，而平日那令人心烦意乱的噪声都是它们发出的。

“池塘里有数万只青蛙”，这是农夫根据自己听到的声音做出的直觉判断。任何一个有常识的人都可以判断出他的直觉是错的，但为什么农夫一口咬定青蛙的数量有几万只，还保证自己看到过呢？事实上，农夫没有撒谎，他确实“自以为”看到过，那是因为他对自己的直觉极度信任，进而产生了错觉。

农夫的“控制错觉”是一个十分极端的案例，因为“池塘里有多少只青蛙”这件事情本身是可以通过现场观测和常识判断来实际控制的。但是，生活中还有很多事情我们没有能力做出任何判断。比如，彩票中奖这类概率性事件，或者我们自身没有能力解决的技术问题，这个时候，我们就会依赖直觉来做出判断。

这个行为本身没有任何问题，直觉至少是一种比“听天由命”更积极的应对措施，在“酝酿效应”中我们提到，直觉有时候甚至会扮演比理性思维更有价值的角色。

但是，千万要记住，不要让自己陷入“控制错觉”之中。要时刻提醒自己——凭直觉做出的决定也仅仅是直觉而已，毕竟不是真正意义上的理性决策，它没有其他依据。

羊群效应：
“从众”和“盲从”的临界点在哪里

“羊群效应”最早是股票投资中的一个术语，主要是指投资者在交易过程中存在学习与模仿现象，有样学样，盲目地模仿别人，从而导致他们在某段时期内买卖相同的股票。社会心理学家将其扩大到其他领域，指代个体由于真实的或想象的群体行为，从而向与多数人相一致的方向变化的现象。

“羊群效应”又被称为“从众效应”，它的核心是在群体力量面前放弃个人理性判断，而追随大众的倾向，并否定自己的意见，且不会主观上思考事件的意义。

心理学史上著名的阿希从众实验，便是用来论证“羊群效应”的。美国心理学家所罗门·阿希曾在校园中招聘志愿者，号称要做一个关于视觉感知的心理实验。阿希从众实验每组邀请六个志愿者，但事实上，其中的五个都是和阿希事先串通好的“托儿”，只有一个志愿者才是真正的实验对象。

实验开始后，阿希拿出一张画有一条竖线的卡片，然后让大家判断这条线和另一张卡片上的三条线中的哪一条线等长。这样的判断共进行了十八次。

事实上，这些线条的长短差异很明显，正常人是很容易做出正确判断的。然而，在两次正常判断之后，五个“托儿”故意异口同声地说出一个错误答案。于是，许多志愿者开始迷惑了，是坚定地相信自己的眼力呢，还是说出一个和其他人一样，但自己心里认为不正确的答案呢？最终，结果让人大跌眼镜：有75%的志愿者被“托儿”带偏，至少做了一次从众的错误判断。

从上述“阿希从众实验”中，我们不难看出，从众，是一种常见的社会心理现象。从众性是人们与独立性相对立的一种意志品质；从众性强的人缺乏主见，易受心理暗示影响，容易不加分析地接受别人的意见并采取行动。

从众心理是一种非常复杂的社会心理和行为，它的产生有着深刻的社会历史根源。畅销书《清醒思考的艺术》的作者、经济学博士罗尔夫·多贝里指出：“我们过去的进化过程证明了这一行为是生存良策……谁不这么做，谁就早已从基因池里消失了。这一行为模式深深植根在我们体内，我们至今还在使用它。这一模式同时也用于缺少生存优势的地方。”

因此，对于“从众效应”，我们不应该简单地予以否定，而要具体问题具体分析。

生活中有不少缺乏主见、轻易从众的人，也有一些专门利用人们的从众心理来达到某种目的的人。在赛马场上，就有这种人，他们为了降低某一匹马的赔率以赢更多的钱，而利用“从众效应”诱导他人。

很多人其实并不具备专业的赛马知识，对于很多赌性并不那么强的人来说，他们就会选择最理性的策略：把筹码押在大多数人认为最有希望获胜的那匹马上。

那么，如何才能知道别人认为哪匹马能获胜呢？最简单的方法就是看赔率。赛马场上每一匹马的赔率，是根据赌徒在它身上所下的赌注的多少来决定的。一匹马的赔率越低，押它的人就越多，它获得的赌注就越高。

因此，那些专业的赌徒就会先分析出获胜概率最大的一匹马，然后，再悉心寻找一匹获胜概率很低的马，之后在这匹劣马上下注，把赔率拉低，使得这匹马看上去是最有希望获胜的马。

这时候，在“从众效应”的鼓动下，越来越多的人会去投注这匹劣马，而最终，当那匹真正的好马获得冠军后，专业赌徒赚到的钱足以抵消他们之前为了营造从众心理而投在劣马上的钱。

这个赌马的故事启示我们：遇事不能不加分析地“顺从”大众行为，不能盲目地随波逐流。当大众行为理性正确时，自然要跟随；当大众行为被非理性主导时，则要慎重对待。

是的，我们应该多一些独立思考的精神，少一些盲目的从众行为，以免上当受骗，甚至血本无归——这才是健康的心理，这也是一种睿智的生存之道。

巴纳姆效应：似是而非的"真理"一无是处

心理学家弗拉于1948年做了一个实验，他给所有学生做了一项人格测验，然后，根据测试结果分析该学生的人格特征。其实，弗拉的人格测试只是装模作样的，而他最后给学生的分析结果，也都是一模一样的一段话：

"你祈求受到他人喜爱，却对自己吹毛求疵。虽然人格有些缺陷，但大体而言，你都有办法弥补。你拥有可观的未开发潜能，但尚未发挥出自己的长处。看似强硬、严格自律的外在掩盖着不安与忧虑的内心。许多时候，你严重质疑自己是否做了对的事情或正确的决定。你喜欢一定程度的变动，并在受限时感到不满。你为自己是独立思想者而自豪，并且不会接受没有充分证据的言论。但你认为，对他人过度坦率是不明智的。有些时候，你外向、亲和、充满社会性，有些时候你却内向、谨慎而沉默。你的一些抱负是不切实际的。"

这段话其实是弗拉从关于星座、性格等的小册子里摘录出来的，和真正的人格测试结果毫无关系。但是，有90%以上的学生认为，这段描述非常符合自己的特性。

弗拉的这项研究表明：人们常常认为，一种笼统的、一般性的人格描述十分准确地揭示了自己的特点，当人们用一些普通的、含糊不清的、空泛的形容词来描述一个人的时候，人们往往很容易就接受了这些描述，而认为描述中所说的就是自己——这就是所谓的“巴纳姆效应”，又称“弗拉效应”。

“巴纳姆效应”的典型例子，就是那些关于星座和性格之间联系的论断。

在一本流行的占星小册子里，射手座的性格特点是这样的：

射手男天生幽默，乐观开朗，懂得生活。……射手男都酷爱自由，如果失去自由，他宁愿去死。他就像横空出世的天马，胸纳天地，放眼宇宙，并且不受任何限制。……他并不会执着于最终的结果，而是喜欢享受生命过程中的快乐。

其实，仔细分析这段话，你会发现，这段话几乎能用来描述绝大多数青年男性的性格特点——谁不热爱自由？谁又会承认自己不懂生活？但是，11月23日至12月21日之间出生的青年男性却会觉得这段话就是在说自己，因为他们会接受所有模糊而普遍性的描述，同时自动忽略掉那些和自己不相符的描述。

如果所谓的“射手男”去阅读其他星座的性格特点，那么，他们会发现，无论哪个星座的性格描述，都有至少75%以上是可以套用到自己身上的。这就是“巴纳姆效应”的厉害之处——“主观验证”的作用。

主观验证能对我们产生影响，主要是因为我们心中想要相信某件事的欲望。如果想要相信一件事，我们总可以搜集到各种各样支持这件事的证据。就算是毫不相干的事情，我们还是可以找到一种逻辑，让它符合自己的设想。

弗拉之后，还有一位心理学家做了一个更极端的实验，他通过明尼苏达多项人格问卷（MMPI）对学生进行人格测试。测试完成后，他先根据测试结果写下正确评估。同时，又使用一些模糊的泛泛而谈的描述，伪造了另一份评估。最后，当学生们被问到他们觉得哪一份评估报告更切合自身实际时，居然有超过一半的学生（59%）选择了那份假的评估报告。

可见，人们喜欢“看上去跟自己相关的观点”胜过了“正确的观点”，而什么样的观点能让绝大多数人觉得跟自己相关呢？当然是那些似是而非、模棱两可的模糊描述。

这也是“巴纳姆效应”给我们的重要启示：面对“看上去跟自己相关”的观点和模糊不清的表述时，我们要保持头脑冷静，对自己的判断慎之又慎。

可以说，“巴纳姆效应”是我们正确认识自己的严重阻碍，尤其是现在各种星座、血型等伪性格学大行其道，会使很多人误以为那段言之无物的“性格描述”与自己的真正性格相符。

但是，反过来，能够真正认识自己，也是我们避开“巴纳姆效应”陷阱的重要方法。只有真正面对自己的方方面面，才能学会不轻易给自己贴上笼统的标签，有效地分辨出那些“性格描述”中哪些是与自己相关的，哪些是与自己无关的，哪些是模棱两可的，哪些是彰明较著的，从而认识真正的自己。

奥卡姆剃刀原则：砍掉一切烦琐的旁枝

14世纪，英国逻辑学家、圣方济各会修士奥卡姆指出：在对于同一理论或者同一命题的论证过程中，多种解释和证明过程中，步骤最少、最为简洁的证明是最有效的。概括起来就是“如无必要，勿增实体”。后来，人们为了纪念他，就把这一原则称为“奥卡姆剃刀原则”。

怎样理解这一原则呢？打个比方：

有人提出了一个理论，说月亮其实是方的！然而，为什么我们平时看到的月亮都是圆的呢？那是因为月亮有灵性，它知道我们在看它，于是，在被看到的瞬间，它就变圆了，当我们一转身，它又变成方的了。

而有人提出了另一个假设，说月亮本来就是圆的。

这两个理论哪个符合观测事实？答案是，都符合——在逻辑上它们都是自洽的。

但是相对于“圆月亮”理论，“方月亮”涉及的假设实在太多了，根据“奥卡姆剃刀原则”，简洁的理论才是好理论——所以我们相信，月亮是圆的而不是方的。

这把“剃刀”出鞘后，“剃秃了”几百年间争论不休的经院哲学和基督神学的质疑，经过数百年的磨砺，现在早已超越了理论领域，影响着我们生活的方方面面。一个典型的例子，就是当前非常流行的“少即是多”的极简式设计潮流。

而在经济管理领域，这一理论也得到了越来越多的应用。

美国著名营销大师博恩・崔西曾帮助一家大型企业完善销售计划，为了实现一百万件的销售量。该公司召集了最优秀的营销人才，不分昼夜地开会讨论，最后，得出了几十种针对不同类型客户的销售方案。

这时，轮到博恩・崔西发言，他建议在这个问题上应用“奥卡姆剃刀原则”：“为什么你们只想着通过这么多不同的渠道，向这么多不同的客户销售数目不等的新产品，却不选择通过一次交易，向一家大公司或买主销售一百万件新产品呢？”

这句话几乎推翻了这几天的全部讨论结果。于是，大家不得不重新坐在一起，继续一次次地进行“头脑风暴”，一次次地比对各种方案，试图找出共同点来简化、合并方案。最后，大家终于提出了一种获得众人一致认可的方案：“在我们的合作企业中，有一家公司拥有数百万客户，而且，这家公司在推广新产品时需要向他们的客户赠送礼物。”

于是，数十种方案简化成了一套方案：搞定这个公司的客户礼品单子。最终，他们的目标实现了。

随着社会分工越来越精细，管理组织越来越完善化、体系化和制度化，各种纷繁复杂的官僚作风和文山会海的工作模式也随之而来，这在很大程度上影响了企业的工作效率。因此，近年来，越来越多的有识之士开始推崇“扁平化管理”，即通过减少行政管理层次、裁减冗余人员，从而建立一种紧凑、干练的扁平化组织结构。

当然，奥卡姆剃刀不是割草机，不能乱砍一气，只有在对事物的规律有深刻的认识和把握之后，去粗取精，去伪存真，才能真正化繁为简。打着奥卡姆剃刀的旗帜狂轰滥炸，甚至砍掉了不该砍的东西，这毫无疑问是错误的。

近几年，随着人们认识水平的不断提高，除了在设计上讲究“简约主义”，在组织管理上讲求“精兵简政”，在生活上也越来越多地提倡“简单生活”的理念，这其实都是“奥卡姆剃刀原则”的体现。

爱因斯坦有一句格言：“万事万物都应尽可能地简洁，但不能过于简单。”

简洁而不简单，这便是“奥卡姆剃刀原则”的正确使用方式。

第三章

踢猫效应：

坏情绪会传染，但也可以被管理

踢猫效应：
坏情绪的连锁反应

“踢猫效应”源自一则有趣的寓言：一位骑士在晚宴上被领主训斥了一顿，他怒气冲冲地回到自己的庄园，对没有及时迎接的管家大发了一通脾气。管家心里窝火，回家后找了个鸡毛蒜皮的理由，又把自己的妻子骂了一顿。妻子受了委屈，正好看到儿子在床上蹦跶，上去就给了儿子一耳光。最后，那孩子莫名其妙地挨了一耳光，心情极度糟糕，一脚把正在身边打滚的猫踢了个跟斗。

心理学家用这则寓言描绘了一种典型的情绪传染链——人的不满情绪和糟糕的心情，一般会随着社会关系链条依次传递，由地位高的传向地位低的，由强者传向弱者。最终，无处发泄的最弱小者便成了牺牲品。

这种情绪转移现象在生活中并不少见。一个人一旦无法正常宣泄和排解自己的不良情绪，就往往会找一个出气筒，把情绪转移到其他人或物的身上，而且，往往会宣泄到那些比自己弱的人或物身上——非但凭空发怒，而且欺软怕硬，事情过后往往因此更加自责。

有时自己也明知不对，却很难控制。

现实生活中的“踢猫效应”未必有寓言中那么夸张，但是，不可否认，“情绪传染”的现象却十分普遍——某人工作受挫，带着满肚子闷气绷着脸回到家，看什么都不顺眼，便立刻将坏情绪传染给了家里其他人，于是整个晚上甚至连续几天全家都不得安宁。同样，某人在家里受了气，也会把坏情绪带到工作中……

这就像一个圆圈，以情绪不佳者为中心，向四周延展开来，这就是常被人们忽视的“情绪污染”。用心理学家的话说：坏情绪会像“病毒”一样从这个人身上传播到那个人身上，一传十，十传百，其传播速度有时比有形的病毒和细菌的传染速度还要快。被传染者常常一触即发，越来越严重，坏情绪有时还会在传染者身上潜伏下来，到一定的时期重新爆发。这种坏情绪污染给人造成的身心损害，绝不亚于病毒和细菌引起的疾病危害。

因此，我们既要学会控制自己的情绪，也要学会疏解他人的情绪，截断“踢猫效应”或者说“情绪污染”的传播链条。

心理学家兰斯·兰登在他的博客里记录过这样一个故事：某家小餐馆里，一个顾客指着面前的杯子，对一名女服务员大声喊道：“服务员，你过来！你们的牛奶是变质的，把我的红茶都糟蹋了！”

这名女服务员连忙说：“真对不起！我立刻给您换一杯。”

新红茶很快就准备好了，碟边放着新鲜的柠檬和牛乳。

那名女服务员把那些食物轻轻地放在那个顾客面前，轻声地说：“先生，如果您要在红茶里放柠檬，就不要加牛奶，因为柠檬酸会使牛奶结块。”

顾客听了这话，脸一红，小声地说了声“谢谢”，语气也没那么愤怒了。

当时，兰登正好在边上目睹了这一切，于是，等那个顾客走后，兰登问那名女服务员：“明明是他的错，您为什么不直说呢？”

服务员笑着说：“因为他当时很生气，我不能跟着他生气，否则他冲我发火，我又冲谁去发火呢？”

生活中，每个人都是“踢猫效应”长长链条上的一环，情绪确实会通过你的姿态、表情、语言传达给对方一些信息，在不知不觉中感染对方。明白了“情绪污染”的危害，你就要学会及时调整自己的情绪，不让你的坏情绪传染给他人。如果这样去做了，相信你的生活会充满阳光。

野马结局：
愤怒是一种自我毁灭

非洲草原上的野马最怕吸血蝙蝠，这种蝙蝠靠吸食动物的血生存，常叮在野马的腿上，不管野马怎样暴怒、狂奔，吸血蝙蝠始终不依不饶，一定要从容地吸饱血之后再离开。而野马拿这些“吸血鬼”毫无办法，最终会被活活折磨死。

然而，动物学家研究发现，这些吸血蝙蝠所吸的血量极少，对野马来说根本不足以致命。真正导致野马丧命的，是它们被蝙蝠盯上以后的暴怒和狂奔。

换句话说，吸血蝙蝠只是野马死亡的诱因，而野马对这一诱因的剧烈的情绪反应，才是造成它们死亡的最直接原因。因此，有心理学家将生活中因芝麻小事而大动肝火，以致因别人的过失而伤害自己的现象，叫作“野马结局”。

莎士比亚说：“不要因为你的敌人燃起一把火，你就把自己烧死。”当你发怒的时候，怒火也许会烧及他人，但在更多的情况下，它烧的是发怒者自己。

医学心理学家还用狗做过类似的实验：把一只饥饿的狗关在一个铁笼子里，让笼子外面的另一只狗当着它的面吃肉。最终的结果是，笼子里的狗在出现饥饿性病理反应之前，就已经被急躁、忌妒和愤怒的负面情绪支配而产生了神经症性的病态反应。

其实，愤怒是一种很正常的情绪反应。在愤怒的过程中，血液会大量集中在四肢末端，令人的肌肉紧绷，并使得挑战、无畏等感性思维取代理性思维，使人迅速地进入攻击状态。可以说，“愤怒”这种情绪是人类自我保护的手段，确保了人类在逆境中瞬间拥有异乎寻常的战斗力。在人类进化初期，这种从心理到生理的联动反应无数次挽救了我们祖先的生命。

但是，与愤怒的爆发力相对应，它对人体自身的破坏性也是显而易见的。就像瞬间超负荷运转的机器一样，愤怒情绪所带来的爆发力，也意味着对人体机能的过度损耗。是以，愤怒情绪不仅是诱发心脏病的致病因素，还会使人增加患其他病的可能性——不夸张地说，这是一种典型的慢性自杀。

正如一位心理学家所说：“人类要开拓健康之坦途，首先要学会宽容。”

愤怒的情绪最容易伤害人体的器官，第一个伤害的就是心脏。如果我们常常心怀愤怒，那么，我们的心脏患动脉硬化的概率就会比心态平和的人高出几乎三倍！在情绪非常激动的时候，我们的血压迅速上升，血小板凝结在一起，容易造成动脉硬化。

愤怒会导致食欲下降，引发消化系统的疾病。愤怒的情绪也会影响我们的肝脏，引发肝气不顺、肝胆不和。

“高血压患者主要的特征就是容易愤怒”——许多健康专家都会反复告诫他们的病人，“假如不能克制愤怒情绪的话，长期性的高血压和心脏病就会随之而来”。

美国华盛顿州警局档案中就记录了这样一起离奇的命案：一个小餐馆老板——六十八岁的威廉和他的厨师发生了冲突，冲突的理由令人啼笑皆非——厨师一定要用茶碟喝咖啡，而威廉认为用茶碟喝简直是莫名其妙，于是两个人开始吵架。威廉越吵越生气，愤怒中抄起一把左轮手枪对着厨师大喊大叫，厨师拔腿就跑，他也挥舞着枪追了出去。结果，威廉却倒地而死。

是因为枪走火吗？并不是，根据法医验尸报告，威廉死于心脏病——极度的愤怒加上剧烈运动，诱发了急性心肌梗死。

因此，为了确保自己的身心健康，必须对自己进行意识控制。当愤愤不平的情绪即将爆发时，要用意识控制自己，提醒自己应当保持理性，还可以进行自我暗示：“别发火，发火会伤身体。”医学专家通过实验证明，在有效抑制易怒情绪的受试者中，死亡率和心脏病复发率会大大下降。

那么，如何有效地抑制伤人又害己的坏情绪呢？

具体方法有很多，但是一个最重要的法则是，提高自己对外界刺激的承受力和对外界刺激的客观评价能力，当怒火上升时，反复地告诉自己——这并不值得愤怒。

另一个重要途径是主动释放愤怒情绪，将心中的愤懑、不平向人倾诉，从亲朋好友处得到规劝和安慰，也可以缓解怒气。或者在即将发怒时通过转移注意力来减轻愤怒，尽快离开当时的环境，避免进一步的刺激。如此一来，愤怒的情绪便会渐渐消退。

海格力斯效应：
无视仇恨，仇恨就会无视你

生活中经常出现这样的现象：当两个人产生矛盾时，如果其中一方试图报复，那么，最终必然加深对方的仇恨，甚至导致对方挖空心思加害另一方；而对方疯狂的报复行为，反过来又会导致另一方不死不休的仇恨。在这个过程中，双方的敌意越来越深，报复手段也越来越狠毒——这样的现象延伸出来的心理学理念就是“海格力斯效应”。

海格力斯是古希腊神话中一位力大无穷的英雄，传说一天，他走在坎坷不平的路上，看见脚边有个像鼓起的袋子的东西，样子很难看，海格力斯便踩了那东西一脚。谁知那东西不但没被海格力斯一脚踩破，反而膨胀起来，并成倍地增大。这大大激怒了英雄海格力斯，于是，他使出了全部力气一脚踹过去，没想到那东西居然膨胀得更大，竟把路都堵死了。

就在海格力斯进退两难时，一位圣者出现了，他告诉海格力斯，这个东西叫“仇恨袋”。你越是充满仇恨，它就会越胀越大；相反，你若不再理它，它就会变小如初。

仇恨，正如海格力斯所遇到的这个袋子。如果你忽略它，它就会自然化解；如果与它过不去，那它就会被成倍地放大。

“以眼还眼，以牙还牙”的报复心态是人类社会早期形成的一种行为规范，目的是通过展示伤害的形式来维护一种“人不犯我，我不犯人”的稳定状态。这就决定了报复行为的本质从一开始就是一种惩罚和威慑，本身并无助于消减仇恨。它只能用来伤害报复对象，却无法用来化解心中的仇恨。现在，随着社会规范日益成熟，仇恨、报复所带来的实际社会价值越来越小，而它对于个人的负面作用却越来越明显。

现代社会不同于原始社会，人与人之间的联系变得更加紧密，合作共生关系变得更加强烈，报复、仇视他人已属于典型的损人不利己的行为。更有甚者，还会使得双方错过了更好地解决问题的机会，最终让报复者得不偿失。相反，懂得化解一时的怨恨的人，最终能得到他人的理解、尊重和信任，从而获得更多的合作机会。

威廉·哈尔斯是沃尔沃集团著名的销售培训专家。在第二次世界大战期间，哈尔斯逃难到了瑞典，因为他能说并能写好几国语言，所以他希望在一家进出口公司里谋到一份秘书工作。但绝大多数公司都回绝了他。其中，有一个人在写给哈尔斯的信上说：“看得出来，你对秘书这份工作完全不了解。而且，你连瑞典文也写不好，信里全是错字，我根本不需要这样的秘书。”

当哈尔斯看到这封信的时候，简直气得发疯。于是，他立刻就写了一封回信，信上极尽讽刺挖苦之能事，用词极为刻薄。

当信写完后，他却没有寄出去，而是停下来对自己说："等一等，即使他收到信后暴跳如雷，又对我有什么意义呢？我为什么要浪费邮票去做一件对我毫无价值的事情？"于是，哈尔斯撕掉了他刚刚写的那封骂人的信，另外又写了一封信。在这封信里，他表达了对自己文法能力不过关的惭愧，并对对方指出这一点而表示谢意。

没过几天，哈尔斯收到了那个人的回信。这次，那人的措辞客气了很多，也为之前自己的无礼致歉，同时告诉哈尔斯，他确实无法胜任秘书的工作，但可以尝试在行政部门先积累经验。随同这封信件一起送过来的则是一份工作邀请。于是，哈尔斯终于在瑞典找到了第一份工作，开始了他的职业生涯。

正如哈尔斯所说的，如果他当时寄出了那封信，实现了自己的报复，又能如何呢？他依然找不到工作。而放弃了复仇愿望的哈尔斯却真正获得了对方的好感，同时也得到了他想要的工作。

在人际交往中，不可能没有利害冲突，这时候，以宽容对仇恨，仇恨自然会消失，有益于他人，也就是有益于自己。相反，若是以报复对仇恨，除了获得短暂的快感以及更大的仇恨，又有什么好处呢？

霍桑效应：适度发泄，才能轻装上阵

“霍桑效应”这一概念，源于1924年至1933年间以哈佛大学心理专家乔治·埃尔顿·梅奥教授为首进行的一系列实验研究。

1924年11月，为了找到一个通过改善工作条件与环境等外在因素来提高劳动生产率的途径，梅奥教授的研究小组进驻美国西部电气公司的霍桑工厂。他们选定了继电器车间的六名女工作为观察对象。在七个阶段的试验中，不断改变工人的工资、休息时间、午餐以及照明等因素，希望能发现这些外在因素和劳动生产率之间的关系——遗憾的是，不管这些因素怎么改变，试验组的生产效率一直没有上升。

为了搞清楚状况，梅奥教授团队又花了约两年的时间找工人谈话，前后达两万余人次，耐心地听取工人对公司的意见。在这个过程中，工人们畅所欲言，尽情地宣泄着自己的负面情绪，结果，霍桑厂的生产效率大大提高——正是这种情感宣泄，让工人释放了工作中积累的情绪压力。同时，由于专家团队的耐心倾听，工人感觉自己受到了关注，加倍努力工作，以证明自己是优秀的，是值得关注的。这种奇妙的现象从此就被称作“霍桑效应”。

情绪的宣泄是平衡心理，保持和增进心理健康的重要方法。不良情绪来临时，我们不应一味地控制与压抑，而应该用一种恰当的方式，给不良的情绪找一个适当的出口，让它远离我们。

情绪应该宣泄，但是要以合理的方式宣泄。当有负面情绪产生的时候：一不要迁怒，把怒气发泄在别人身上；二不要自我伤害，如自己打自己耳光、自己咒骂自己，甚至选择自戕，将怒气发泄在自己身上；三不要在他人面前大叫、大闹、摔东西，这样虽然发泄了情绪，却把坏情绪传染给了其他人，制造了“情绪污染”，同时也伤了自己的体面，非但于事无补，反而会使事态进一步恶化，给自己带来更大的伤害。

日本的松下公司一直非常重视员工的情绪管理，认为员工的情绪和工作效率有极大的关系，因此，在这方面动了不少脑筋，也下了不少功夫。

一个很典型的例子是“出气室”。在松下的各个生产基地都设有一个专门的、很隐蔽的房间，这个房间里放置了一些橡皮人，任何员工如果遇到烦恼的事，只要是感到心里堵得慌，就可以到这个房间里对着橡皮人大喊大叫，甚至拳打脚踢，以此宣泄心中的不良情绪。这个小房间在松下公司内部被称为“出气室”。

“出气室”设立之后，松下公司的员工心理学专家对出入“出气室”的员工进行了细致的观察，结果发现：85%以上的员工进去时看上去神情抑郁或怒气冲冲，而出来时则显得轻松多了。之后，经统计发现，这些员工“出气”之后的工作业绩较“出气”之前的有了明显的提升。

应该说，松下公司的做法是比较极端、投入也较大的，不是每个人都能享受到这种专业的“出气室”待遇。不过，这至少说明了一个道理——一个合理的宣泄出口，对个人的心理健康有着不容忽视的作用。

从心理学角度分析，负面情绪的积累会严重影响人的精神和心情，这不仅会影响个人健康，还会破坏人际关系。而“霍桑效应”又告诉我们，在工作、生活中总会产生数不清的情绪反应，其中很大一部分是负面的。

对那些负面的情绪，切莫一味压制，而要千方百计地让它宣泄出来，由此带来的激励效果甚至远远超过了物质激励。

心理学家通过对情绪的深入研究发现，情绪宣泄的手段主要有三种：狂暴行为、倾诉和哭泣。

松下公司的“出气室”属于第一种狂暴行为宣泄，“霍桑实验”中的谈话属于第二种倾诉宣泄，而除此之外，放声痛哭也是极佳的宣泄方式。研究证明，情绪性的眼泪和别的眼泪不同，它含有一种有毒物质，会引起血压升高、心跳加快和消化不良等不良症状。通过流泪，把这些物质排出体外，会带来生理和心理上双重的轻松感。因此，如果实在不知道该怎么宣泄情绪，那就大哭一场吧。

习得性无助：
没有绝望的环境，只有绝望的心态

“习得性无助”是美国心理学家马丁·塞利格曼1967年在研究动物时提出的。他用狗做了一项经典实验：起初把狗关在一个带蜂音器的笼子里，只要蜂音器一响，就对狗进行电击，狗被关在笼子里逃避不了电击，每次都被电到倒地呻吟、大小便失禁为止。这种折磨反复多次后，塞利格曼更改了试验流程，在蜂音器响后，不急着电击，而是先把笼门打开，但这个时候，狗非但不逃，反而不等电击开始，就先倒在地上开始呻吟和颤抖。

本来可以主动地逃避，却因之前的绝望体验而放弃逃避希望，默默等待痛苦的来临——这就是塞利格曼所说的“习得性无助”。

所谓“习得性无助”，本质上是长期积累的负面生活经验使人丧失了信心，继而丧失了追求成功的驱动力。而要避免习得性无助，最重要的就是要有一个辩证的挫折观，经常保持自信和乐观的情绪。没有绝望的环境，只有绝望的心态。如果能在挫折中坚持下去，挫折实在是人生中一笔不可多得的财富。但是如果在挫折中沉沦，那便是跌入了“习得性无助”的陷阱，就像实验中的那条狗一样，再也无法突破挫折了。

美国海军陆战队的退役军官科尔曼·米契尔在一次飞行事故中受到重伤，身上65%以上的皮肤都烧坏了，为此他动了十六次手术。手术后，他无法拿起叉子，无法拨电话，也无法一个人上厕所。

这样的挫折并没有让他陷入绝望，最后一次手术做完后，米契尔用保险赔偿金为自己在科罗拉多州买了一栋维多利亚式的房子，同时继续进行康复训练。六个月后，他又能开飞机了。

康复后的米契尔和两个朋友合资开了一家公司，专门生产以木材为燃料的炉子，这家公司后来变成佛蒙特州第二大私人公司。米契尔得以继续驾驶着新买的飞机翱翔于天空。没想到四年后，米契尔所开的飞机在起飞时又摔回跑道。这一次，他胸部的十二块脊椎骨全被压得粉碎，腰部以下永远瘫痪！

对于这次事故，米契尔几乎绝望：“我始终搞不清楚，为何这些事老是发生在我身上？我到底是造了什么孽，要遭到这样的报应？”但他最终还是挺了过来，出院后，他的第一句话是：“我完全可以掌握自己的人生之船，我可以选择把目前的状况看成倒退，或是一个全新的起点。”

经过数年不懈努力，米契尔被选为科罗拉多州孤峰顶镇的镇长，以保护小镇的美景及环境，使之不因矿产的过度开采而遭受破坏。后来，米契尔甚至还参选了国会议员，他用一句“不只是另一张小白脸”的口号，将自己在事故中被毁得面目全非的脸转化为广受大众推崇的宝贵资产。

面对绝境，米契尔自始至终没有绝望。在一次公开演讲中，米契尔说道："我瘫痪之前可以做一万件事，而现在我只能做九千件。我可以把注意力放在我无法再做好的一千件事上，或是把目光放在我还能做的九千件事上。我曾遭受过两次重大的挫折，如果我能选择不把挫折视为放弃努力的借口，那么，或许，你们也可以从一个新的角度来看待一些一直让你们裹足不前的经历。你们可以退一步，想开一点儿，然后，你们就有机会说：'或许，那也没什么大不了的！'"

如果要选择成功，那么同时就必须学会面对失败——失败从不怜惜弱者。没有铁一般的意志，就会被绝望的环境打垮，你就不会看到成功的曙光。

"习得性无助"的陷阱，是我们的大脑为了让自己适应绝望环境、免于崩溃而做出的妥协姿态。但平庸的人才需要妥协，只有坚强，只有走出"习得性无助"为我们营造的心理舒适区，才能抵达成功的彼岸。

卡瑞尔公式：
接受最坏的，追求最好的

威利·卡瑞尔是纽约水牛钢铁公司的一名工程师。有一次，卡瑞尔到密苏里州去安装一台瓦斯清洁机。经过一番努力，机器勉强可以使用了，但是依然没有达到公司保证的质量。对此，卡瑞尔十分焦虑，一度无法入睡。后来，他意识到，忧虑不能解决任何问题。于是，便试图换一种思路面对这个问题。

他是这么想的：这件事情最坏会导致什么结果？无非是老板把整台机器拆掉，然后炒掉自己。想到这个最坏的结果后，卡瑞尔对自己说："如果丢掉了这份工作，我该怎么办？"然后，他发现，当时机修工程师普遍紧缺，找一份新工作并不难——换句话说，最坏的结果也并非无法接受。

有了这个心理准备后，卡瑞尔的心情逐渐平静下来。后来，经过几次试验，他终于发现，如果再多花五千块钱加装一些设备，问题就可以迎刃而解了。结果就是公司非但没有损失，还获得了一个完美的改进方案，而卡瑞尔也没了丢掉工作的风险。

后来，成功学大师戴尔·卡耐基从卡瑞尔的经历中总结出了一个解决忧虑情绪的方法，并命名为“卡瑞尔公式”。

在卡耐基的《走出忧虑人生》主题演讲中，他把“卡瑞尔公式”定义为：强迫自己面对最坏的情况，首先在精神上接受它，然后集中精力从容地解决问题，从根源上抹除忧虑。

“卡瑞尔公式”的使用方法其实非常简单，其中共有三个步骤：

第一步，先排除恐惧情绪，理性地分析整个情况，然后，找出万一失败可能导致的最坏的情况是什么。

第二步，找出可能发生的最坏情况之后，让自己在必要的时候能够接受它。这样一来，即使事情真的无法挽回了，我们也可以很快地放松下来。

第三步，之后，我们就平和地投入自己的时间和精力，试着改善在心理上已经接受的那种最坏的情况。假若应对适当，我们就可以很快摆脱这种所谓的最坏情况。

但是，如果一直忧虑下去的话，恐怕永远不可能做到这一点。因为忧虑的最大坏处就是，它会毁了我们集中精神的能力。在我们忧虑的时候，思想会到处乱转，而丧失做决定的能力。然而，当我们强迫自己面对最坏的情况，进而在精神上接受它之后，就能够衡量所有可能的情形，使自己处在一个可以集中精力解决问题的处置。

当不再忧虑时，很多问题就会迎刃而解。英国心理医师罗宾·汉斯的治疗记录中就有这样一个案例：

汉斯的朋友艾尔·亨利因为常年抑郁而得了严重的胃溃疡，只能吃苏打粉，每小时吃一大匙半流质的东西，每天早上和晚上都要护士拿一条橡皮管插进他的胃里，把里面的东西清洗出来。

这种情形持续了好几个月后，汉斯建议亨利说："朋友，既然医生说你这病没救了，那么最坏也就是死亡了。你一直想在死之前环游世界，不如趁现在去实现这个愿望吧。"亨利听从了汉斯的建议。随后，他买了一口棺材，把它运上船，然后委托轮船公司安排好，万一他去世的话，就把尸体放在冷冻舱里运回英国。然后，亨利便就开始了他的环球旅行。神奇的是，他在旅程开始后，就觉得好多了，渐渐地不再吃药，也不再洗胃了。渐渐地，几个星期过去之后，他甚至可以抽黑雪茄、喝威士忌了。

当旅行结束后，他的胃溃疡也奇迹般地不药而愈了。

在罗宾·汉斯生活的时代，"卡瑞尔公式"还没有问世，但他给亨利的建议中却包含了"卡瑞尔公式"的精髓：

找到最坏的情况（死亡）。

接受现实（死前环球旅行）。

改善现实（旅行过程中心情愉悦，胃溃疡症状好转）。

在心理学中还有一种现象叫"存肢效应"，说的是人在被截去某部分肢体后，心理上却在很长的时间里对那个已不存在的肢体有着存在感和支配欲，不愿意接受失去肢体的现实。

在现实中也是如此，一些人不敢直面现实，躲在虚幻的世界里承受着忧虑带来的巨大压力。而"卡瑞尔公式"告诉我们，与其抱残守缺，执着于过去，不如果断放弃，美梦破灭之后往往就是黎明！

第四章

约拿情结：
从自我提升到自我突破

约拿情结：
不仅害怕失败，也害怕成功

“约拿情结”是美国著名心理学家马斯洛提出的一个心理学现象。在马斯洛的笔记中，他把“约拿情结”描述为：“我们害怕变成在最完美的时刻和最完善的条件下，以最大的勇气所能设想的样子。但同时，我们又对这种可能极为推崇。”

也就是说，这是一种“对自身杰出的畏惧”或“躲开自己的卓越天赋”的心理。

之所以命名为“约拿情结”，是因为《圣经》上的一段记载，说的是先知约拿奉上帝之命前往尼尼微城去传话，这本是难得的使命和很高的荣誉，也是约拿平素所向往的。可当他完成了这项使命，荣誉摆在面前时，约拿却感到了畏惧。于是，他把自己隐藏起来，不让人纪念他，认为自己名不副实——他做的事是不得已的，是蒙了神的大恩才完成的。是以，他想把众人的目光引到神那里去。

这种在渴望机遇，但是当机遇真正到来时自我逃避、退后畏缩的心理，便是马斯洛所说的“约拿情结”。正是这种心理，导致我们不敢去做自己能做得很好的事，甚至逃避发掘自己的潜力。

“约拿情结”是一种看似十分矛盾的现象。人害怕自己失败，这可以理解，因为人人都畏惧自己最低的可能性。但是，人们还会畏惧自己最高的可能性，这很难理解。但这的确是事实：人们渴望成功，又害怕成功，因为要抓住成功的机会，就意味着要付出相当的努力，面对许多无法预料的变化，并承担可能失败的风险。

毋庸讳言，“约拿情结”其实是我们平衡内心压力的一种表现。我们每个人其实都有成功的机会，但是在机会的面前，只有少数人敢于冲破这种压力，认识并摆脱自己的“约拿情结”，最终抓住机会取得成功。

德国一家电视台有一档叫《谁是未来的百万富翁》的智力游戏节目，通过答题可以赢得丰厚的奖品。但是这个游戏设置了一个小小的陷阱：每闯过一关，赢得了该关卡奖励后，就需要参赛者自己选择是否进入下一关。下一关的奖励会比上一关更加丰厚，直到最后一关，累计可以赢得一百万大奖。但问题是，如果未能闯过下一关，那么，之前赢得的所有奖金也就跟着泡汤了。

在节目开播的前十几期里，没有一位参与者能够获得一百万大奖，因为所有有能力继续挑战到底的参赛者都选择了见好就收，最多当奖金累计到十万左右的时候便放弃答题，退出比赛，而真正一路过关斩将、战斗到最后的人始终没有出现。

直到几年后，一位叫克拉马的青年人，在获得十万大奖之后他决定继续挑战。他破天荒地挑战到五十万奖金的关卡，经过一番深思熟虑，他毅然决定不放弃，冲击一百万的关口。

最终，他获得了节目开播以来的第一个一百万大奖。据当地媒体评论说，成就克拉马的不是他的学问，而是他的心理素质和雄心。在获得五十万奖金之后，每一道题都相当简单，只需略加思考，便能轻松答出，但是，很多人却没有胆量挑战这一关。

正是“约拿情结”阻碍了这些人进一步挑战自我，他们笃信“没有尝试，就不会失败；没有失败，就不会遭受更大的损失”。这是一种典型的自我妨碍心理，使得他们虽然可能比克拉马更有能力、知识更渊博，却达不到克拉马所能达到的高度。

这就是为什么大部分人只能一世平庸，成功的永远只是少数人的重要原因。

“约拿情结”使人的真实能力大打折扣。想要开创人生新局面，就必须敢于打破“约拿情结”，敢于突破自己、超越自己。

跳蚤效应：
不要轻易给自己的人生设限

跳蚤有两条强壮的后腿，因而善于跳跃，可以轻松跳起一米多高——跟它们自身的大小比起来，相当于一个人一跃跳上八十层的摩天大楼！

但是，曾有生物学家将跳蚤放在一个一米高的罐子里，罐子加上了透明盖子。这样一来，跳蚤每次跳起来都会撞到盖子，而且是一再地撞到盖子。过一段时间后，生物学家拿掉盖子，发现跳蚤依然能跳跃，但已经无法跳到一米以上的高度了——原来它已经适应了瓶子的高度，并且调节了自己的跳跃能力，不再改变了。

这种内心默认了较低目标后限制了自身实际能力的现象，被心理学家称为“跳蚤效应”。为了验证这个效应在人类身上是否同样适用，哈佛大学的心理学家曾对一群年轻人做过一个长达二十五年的追踪调查。

这些被调查的年轻人的智力、学历、环境等客观条件都差不多，唯一的区别在于对未来是否有清晰且长远的目标。二十五年后，这些调查对象的生活状况如下：3%有清晰的长远目标的人，他们几乎都成了社会各界顶尖的成功人士；10%有清晰的短期目标的人，大都生活在社会的中上层；60%目标模糊的人，几乎都生存在社会的中下层；而剩下的27%没有目标的人，则庸庸碌碌地生活在社会的最底层。

由此可见，一个人是否有清晰且长远的目标与其能否取得重大的人生成就之间存在着紧密的联系。

“美国波多里奇国家质量奖”是由美国总统授予美国企业的最高荣誉，它的要求极为严苛，很多公司都只是推荐某个精英部门去参加奖项的角逐。而1981年，摩托罗拉公司制定了一个目标：以整个公司为单位，摘取“美国波多里奇国家质量奖”桂冠。

为了达成这个目标，摩托罗拉公司派了一个考察小组，分赴世界各地观摩、学习。与此同时，还高薪招募了一批品控人员，负责对各条生产线进行监控，以提高产品的良品率。结果，到1982年年底，摩托罗拉公司的产品不合格率降低了90%！

然而，公司高层仍不满意，随即又设定了新的目标：合格率必须达到99.997%！为了达成这个新目标，公司特地制作了一盒录像带，解释为什么99%的合格率依然是不合格的。并且，公司负责人在录像带中指出，如果每个员工都以生产99%的合格品的态度来工作，那么，对于将其性命托付给摩托罗拉无线电话的警察而言，谁来弥补那1%的风险？

在这个目标的激励下，1988年，摩托罗拉因减掉了昂贵的零件修复与替换工作，而节省了2.5亿美元。收入增加了23%，利润提高了44%，达到前所未有的纪录。同年，摩托罗拉公司毫无悬念地获得了“美国波多里奇国家质量奖”，成为该奖项历史上少数几个以整个公司为单位获奖的大型制造企业。

梭罗的《狱卒》中有这样一句话：“我不知道有什么比一个人能下定决心改善他的生活能力更令人振奋的了……要是一个人能充满信心地朝他理想的方向努力，下定决心过他所想过的生活，他就一定会得到意外的成功。”

不管环境有怎样的限定，也不存在无法解决的问题，因为在每个人的内心，都潜伏着巨大的力量。而这些力量，需要用一个高的目标去激发。

美国行为学家J.吉格勒提出过这样一个观点：设定一个高目标，就等于达成了一部分目标。有许多人一生无所建树，不是因为他们的能力不足，而是因为他们给自己定的目标不足以释放出全部的潜能。

洛克定律：合理的目标才是合适的目标

埃德温·洛克是美国马里兰大学的心理学教授，他于1968年提出了一个著名的目标设置理论，又被称为“洛克定律”。

“洛克定律”指的是，当目标既是未来指向的，又是富有挑战性的时候，它便是最有效的。洛克以篮球架为例，篮球运动能吸引那么多人参与，其中一个原因就是篮球架的高度设置合理。要是把篮球架设计得像两层楼那样高，就根本不可能进球了；反过来，要是篮球架只有一个普通人那么高，进球就太容易了。

正是因为篮球架有着一般人跳一跳就够得着的高度，挑战性跟合理性达到了完美平衡，才使篮球运动能如此吸引人。

所以，“洛克定律”认为，目标并不是越高越好，更不应该不切实际。一个像篮球架一样“跳一跳能够得着”的目标，才是最能激发人们积极性的。因此，“洛克定律”又被叫作“篮球架原理”。

“洛克定律”和“跳蚤效应”是一种相互补充的存在。“跳蚤效应”认为，设置低目标会导致人的能动性下降；而“洛克定律”则表示，目标的设置同样不应该过高，不切合实际的目标会失去激励价值。

被誉为“数学王子”的德国数学家约翰·卡尔·弗里德里希·高斯在十九岁的时候做过一件令所有人瞠目结舌的事情。那是1796年的某一天傍晚，当时，就读于德国哥廷根大学的高斯吃完晚饭之后，开始做导师单独布置给他的每天例行的三道数学题。

前两道题他在两个小时内就顺利完成了，而第三道题写在另一张小纸条上：要求只用圆规和一把没有刻度的直尺画出一个正十七边形。这让高斯感到十分吃力，他发现，自己学过的所有数学知识似乎都对解开这道题没有任何帮助，半个晚上下来，他的思考毫无进展。

这个难题激起了高斯的斗志。之前，高斯每次都能完美地解答导师布置的题目，这对他来说绝不是难事，这次也不会例外！于是，他拿起圆规和直尺，一边深入地思索，一边在纸上画着，尝试着用一些超常规的思路去寻求答案。

一直到第二天一早太阳升起时，高斯终于长舒了一口气，完成了这道难题。

见到导师时，高斯略带着惭愧地对导师说：“您给我布置的第三道题，我竟然做了整整一个通宵，辜负了您对我的看重……”

导师接过高斯的作业一看，惊呆了。他用颤抖的声音对高斯说：“这是你自己做出来的吗？”高斯回答道：“是我做的，只不过没能很快解答出来，花了整整一个晚上。”

导师让他坐下，并取出圆规和直尺，在书桌上铺开纸，让他当着自己的面再画出一个正十七边形。看到高斯很快就熟练地又画出了一个正十七边形，导师激动地对他说："你知不知道，你解开了一道有两千多年历史的数学难题！从古至今，这道数学难题阿基米德没有解决，牛顿也没有解决，你竟然一个晚上就解出来了，你真是一个天才！"原来，导师也一直想解开这道难题。那天，他是因为一时失误，才将写有这道难题的纸条交给了高斯。

后来，高斯成了近代数学奠基者之一，和阿基米德、牛顿并列为世界三大数学家，一生成就斐然。但是，每当回忆起这一幕时，他总是说："如果有人告诉我，那是一道有两千多年历史的数学难题，我可能永远也没有信心将它解开。"

一个小小的失误，成就了一段传奇。高斯相信，他的目标是解出导师给他的作业题，这个目标并不难，只要努力一把，就肯定能够实现。正是这个目标让"洛克定律"在高斯身上发挥出了最大的作用，使他调动了自己所有的智慧，顺利解出了这一难题。

试想一下，若是当时他知道这是一道两千年来无人能解的题目，那么，高斯的目标就变成了"用一个晚上超越史上伟大的数学家解出一道千年难题"，那么，可想而知，这个目标虽然宏伟，却失去了激励作用——因为它听上去是如此的荒谬，根本不可能办到。

在现实生活中，目标很重要。但是定目标的作用是激发出自己的全部潜能。若是这个目标本身超越了潜能的极限，那么它的激励作用也就无从谈起了。这就是洛克定律带给我们最大的启示：目标要高，但是同样要合理。

瓦拉赫效应：
补足短板，还是经营优势

“瓦拉赫效应”以德国化学家、诺贝尔化学奖得主奥托·瓦拉赫命名，其内容来自瓦拉赫传奇的成才经历。

瓦拉赫在读中学时，父母希望他成为一名文学家。不料一个学期下来，教师为他写下了这样的评语：“瓦拉赫学习勤奋，但思想拘泥，文学创造力极弱。”后来，瓦拉赫又改学油画。可瓦拉赫毫无艺术天赋，对构图和调色等基本功缺乏理解力，校方给出的评语更是难以令人接受：“你在绘画艺术方面毫无造就的余地。”

对此，瓦拉赫的父母都感到有些绝望了，幸好，他的化学老师认为他做事一丝不苟，具备做好化学实验应有的品格，建议他学习化学。没想到的是，在化学领域，瓦拉赫智慧的火花一下被点着了，二十二岁便获得了博士学位，最终荣获了诺贝尔化学奖。

可见，每个人的智能发展都是不均衡的，都有智能的强点和弱点，他们一旦找到自己智能的最佳点，使智能潜力得到充分发挥，便可取得惊人的成绩。这种现象就被称为“瓦拉赫效应”。

提到“瓦拉赫效应”就不得不提一下著名的“木桶原理”。

“木桶原理”是美国管理学家劳伦斯·彼得首先提出的。讲的是一个木桶能盛多少水，并不取决于最长的那块木板，而是取决于最短的那块木板。因此，“木桶原理”也被称为“短板效应”。

乍一看，“瓦拉赫效应”似乎与“木桶原理”背道而驰，而且两者不可调和，因为同时补齐短板和经营优势，在现实中不可能实现，或者说实现成本过于巨大。那么，到底哪个更重要呢？其实，两者并无矛盾，只是适用的场合不同。

“木桶原理”是一种管理学理论，用于组织管理，侧重于组织中不可有某个环节处于短板位置；“瓦拉赫效应”则适用于个人能力管理，侧重的是在个人发展中扬长避短。

因此，如果用“木桶原理”来指导个人发展，在自己不擅长的领域耗费巨大精力，结果就是造就出一个无所不能却又无所专的“通才”，甚至“庸才”。而现代社会分工日益细化，真正需求的人才，应当是某方面有特殊才能的“专才”。

20世纪中后期，科技发展日新月异，优秀的技术极客层出不穷，但为什么比尔·盖茨、乔布斯等科技界奇才能独领风骚？

早在IBM占据市场的时代，盖茨一眼看出像IBM这种巨头已陷入自身无法意识到的困境了。他这种对趋势的把握能力和市场眼光，是远远超越他技术实力的真正强项——许多时候，他能比他的对手更清楚地看到未来科技的走势。因此从一开始，他就保持着对微软市场方向的决定权，而把技术细节管理的工作交给在这方面更专业的格林·伯格。

微软公司的同事们都盛赞盖茨的技术知识让他独具优势，他总是能提出正确的问题，他对程序的复杂细节几乎了如指掌。在比尔·盖茨的掌舵下，微软公司把开发新产品作为事业的中心，不断根据市场需求推陈出新，牢牢把握住了世界信息产业市场的未来。微软公司今日的成功，很大程度上得益于比尔·盖茨对未来形势精确的分析和其独有的战略眼光，由此带来的精准市场定位和产品创新。

日本经营之神松下幸之助曾说过："人生成功的诀窍在于经营自己的个性长处，经营长处能使自己的人生增值，否则，必将使自己的人生贬值。"不管我们是否承认，这个世界上真的存在"天赋"这种东西，更不用说由于成长环境不同，每个人的优势和擅长方向必然有天壤之别。

"瓦拉赫效应"并不是让我们彻底放弃自己短处，而是告诉我们，必须把有限的时间和精力放在最擅长的领域，这样才能获得最高的投入产出比。就像瓦拉赫的故事中，他若是把一生的精力都投入文学或者艺术中，他依然有可能获得成功，但是绝对达不到他在化学领域的崇高地位。

每天我们都在做很多事情，有些事情费了半天劲儿，却发现自己内心深处根本就认为这件事情毫无意义，只不过是因为"必须做"而不得不做。这时候，心中带着纠结，带着后悔，只想着尽快完事，却失去了把事情做到极致的内部驱动力。因此，无论做什么事，内心都要有一把尺子，衡量一下哪些事情是自己认为真正值得做的，哪些事情是让自己觉得做了有意义的。“选择你所爱的，爱你所选择的”，这样才能激发我们的斗志，心里才不空虚，才能够心安理得。

而实现自我价值的最佳途径，同样莫过于做自己真正想做的事。如果你问那些事业得意的人：“为什么你目前的事业颇为成功？”很多人都会回答：“因为我热爱我的事业。”

胡适先生曾经这样说过：“譬如一个有作诗大才的人，不进中文系学作诗，而偏要去医学院学外科，那么，文学院便失去了一个一流的诗人，而医疗界却添了一个三四流甚至五流的外科医生，这是国家的损失，也是他自己的损失。”显然，一个人没有客观地评估好自己，就不能找到适合自己的位置，从而埋没了自己的才能。不能选择最适合自己的是一大错误，而做对了选择，却不能热爱并坚持自己的选择，也是一种错误。

安东尼·罗宾斯认为：“人生长期在考验我们的毅力，唯有那些能够坚持不懈的人才能得到最大的奖赏。”我们应该选择那些最适合自己的东西，并且热爱它、坚持它，唯有这样，我们才能稳稳地掌控生命前行的方向，进而把所有的力量释放在对正确目标的追求中。

很多年前，英国一位叫克里斯托·莱伊恩的年轻建筑设计师，很幸运地被邀请参加了温泽市政府大厅的设计。他运用工程力学的知识，结合自己的经验，很巧妙地设计了只用一根柱子支撑大厅天顶的方案。一年后，市政府请的权威人士进行验收时，对他的设计提出了异议。他们认为，用一根柱子支撑天花板太危险了，要求他再多加几根柱子。但是他认为：“只用一根柱子便足以保证大厅的稳固。”他通过计算和列举相关实例进行了详细的说明，拒绝了工程验收专家们的建议。他的固执惹恼了市政官员，他险些被送上法庭。

迫不得已，他只好在大厅四周增加了四根柱子，令其他专家感到满意。不过，这四根柱子全部没有接触天花板，其间相隔了不易察觉的两毫米。

时光如梭，岁月更迭，一晃三百年过去了。三百年的时间里，市政官员换了一批又一批，市政府大厅坚固如初。直到20世纪后期市政府准备修缮大厅的天顶时，才发现了大厅天顶由一根柱子支撑这个秘密。消息传出，世界各国的建筑师和游客慕名前来，观赏这根神奇的柱子，并把这个市政大厅称作“嘲笑无知的建筑”。最令人们称奇的是，这位建筑师当年刻在中央圆柱顶端的一行字：自信和真理只需要一根支柱。

这根支柱是来自心灵深处最执着的坚持，很多时候，敢于坚持自己正确的选择，敢于在巨大的压力之下不改变自己的初衷，这本身就是一种勇气。所以，我们一旦发现或者选择了正确的东西，就一定要敢于说出自己的想法，敢于坚持自己的想法，并以此来指导自己的行动。水滴石穿，绳锯木断。如果三心二意，哪怕是天才，也将一事无成；只有仰仗恒心，点滴积累，才能获得成功。

内卷化效应：跑起来，别让生活原地打转

20世纪60年代末，美国文化人类学家克利福德·格尔茨前往印度尼西亚的爪哇岛进行田野考察。格尔茨深入到当地居民的农耕生活中，潜心研究族群文化状态，发现当地人千百年来一直维持着刀耕火种的原始农业形态，生活方式和世界观也同样保持着千百年前的状态，换句话说，他们日复一日、年复一年地长期停留在一种简单重复、没有进步的轮回状态中。

回到美国后，格尔茨将他的考察结果写成报告，并把这种现象取名为“内卷化”。

“内卷化效应”的根源是缺乏革新的动力。因为爪哇岛土地肥沃、物产丰富，即使采用千百年前的生产方式依然产出惊人，所以，当地人完全没有欲望也没有必要改变自己的生活。而在现代社会中，这样的“内卷化”也无处不在。

2009年6月1日，美国通用汽车公司正式向纽约破产法院递交破产申请——这家成立于1908年的汽车制造业巨头因未能灵活地应

对汽车产业发展的巨变，终于，在外国制造商的猛攻下，不得不宣布破产重组。

1908年，马车制造商威廉·杜兰特创立了通用汽车公司。最初，通用汽车旗下只有别克一个品牌，而后在几年内收购了凯迪拉克等20多个品牌。1929年，通用汽车收购了德国欧宝品牌。到1931年，通用汽车已经一跃成为全球最大的汽车生产商。

然而，当时汽车行业的巨大时代红利和龙头地位所带来的骄傲，最终却断送了通用汽车的大好前程。在汽车工业的巅峰时代，通用汽车内部从上到下都弥漫着陈腐的官僚气息，在民用小轿车需求量暴增的时代依然高度依赖大型车这一传统车型，一味满足于吃老本，而疏于加强自身的竞争力。结果，1973年石油危机过后，日本车凭借小型和低能耗加强了出口攻势，导致以通用为首的美国三大汽车巨头陷入了巨额亏损。到了2008年，席卷全球的金融危机终于给了通用汽车致命的一击，公司的资金链断裂，不得不申请破产。

大到一个社会，小到一个组织，再具体到一个人，一旦陷入原地踏步的“内卷化效应”，就如同车入泥潭。表面上看，车轮依然在疯狂转动，实际上却在原地踏步、裹足不前，无谓地耗费着有限的资源，最终难逃被时代淘汰的命运。

我们的周围总有着这样的人：他们以无所谓的态度应付着工作，对于自己身上的潜力无动于衷，永远满足于现状，宁愿始终待在原地也不肯花点心思向上攀登，就这样一辈子碌碌无为、敷衍了事，过一天算一天。在现代社会的丛林里，他们和爪哇岛上的居民没有两样——沉醉在当下的舒适生活中不思进取，日复一日地过着“内卷化”的生活。直到某一天，遭到来自大海另一边的工业文明的无情碾压。

那么，如何避免“内卷化效应”呢？ 最好的方法就是不要原地打转，而要让自己跑起来。在非洲大草原上，每天当太阳刚刚升起，羚羊就开始成群结队地跑过平缓的山冈，找到水源。而在羚羊的不远处，狼群也在奔跑——它们不停地奔跑是为了猎食羚羊。当狼群开始奔跑的时候，狮子也开始了奔跑——它必须赶在狼群之前找到食物，否则，今天可能又是一个忍饥挨饿的日子……

这是每天发生在大草原上的一幕，每天都在上演的生存竞赛——没有任何外在的力量在引导这一切，动物们不知疲倦地奔跑完全是出于内心的驱使——要么生存，要么死亡。也正是这种“奔跑”，让非洲大草原永远焕发着生机。

人类社会同样是一个永不闭幕的竞技场，每天都在进行着淘汰赛。只有让自己“跑起来”，才能更好地生存，避免被无情的淘汰。也只有跑得比同类更快，才能获得比同类更好的生存环境。

不光要“跑起来”，还要时刻与最优秀的人赛跑，在一个所有人都在奔跑的环境中，跑得不够快，就依然摆脱不了“内卷化”的陷阱。而只有比别人更快，才能在未来的竞争中占据主动。

青蛙效应：
无视危机才是真正的危机

19世纪末，美国康奈尔大学的研究者曾进行过一次著名的“青蛙试验”：实验者将一只青蛙丢进沸水中，青蛙触电般地立即窜了出去。后来，人们又把它放在一个装满凉水的大锅里，然后慢慢加热，青蛙虽然可以感觉到外界温度的变化，却因惰性，而没有立即往外跳，慢慢地，直到高温难忍时，青蛙也已经失去了逃生的能力。最后，这只青蛙被活活煮熟了。

1872年，一个叫作亨滋曼的人又做了一个更精确的实验，他用九十分钟把水从21摄氏度加热到了37.5摄氏度，平均每分钟升温速率不到0.2摄氏度。在此期间，他没观察到青蛙的行为出现异常。经过不断实验，他发现，青蛙可耐受的临界高温大约是36—37摄氏度。如果水温加热到37.5摄氏度，青蛙就失去了一跃而起的能力，最终被活活煮死。

在较慢升温过程中，由于类似“感觉适应”的原因，持续细微的温度变化使得青蛙适应了这种刺激，没能产生应激反应，错过了最佳逃生时机。直到达到可耐受的临界高温，这时，青蛙即使想跑也已经跑不了了。

对于温水煮青蛙的实验效果，尽管目前还有争议，但是，这种“未死于沸水而灭顶于温水”的结局，却十分耐人寻味。一百多年来，有许多人重复过这个实验，有很多青蛙成功地跳出了热水，也有很多葬身其中，凡是跳出温水的青蛙都有一个共同特点：温水升温过快，没来得及麻痹青蛙的意志，就已经触发了它的神经性应激反应。而被煮死的青蛙，则都是死于极为缓慢的加温过程。

为什么会这样？因为在缓慢的加温过程中，青蛙感受不到温度上升，神经系统放松了警惕，在麻木中迎来了死亡。

失去了危机意识的青蛙死了，而一个人如果丧失了忧患意识，也会像温水中的青蛙一样，在不知不觉中错过了行动的最佳时机，最终很可能会遭受无法估量的损失。

比尔·盖茨曾经多次强调：“微软离破产只有十八个月。”这正是一种时刻保持危机意识的表现。其实，不光是高科技企业如此，很多传统制造业巨头也会在企业文化中融入忧患意识。

美国波音公司曾经别出心裁地摄制了一部录像，剧情是“波音公司的倒闭”。在录像中，天空灰暗，公司总部高高挂着“厂房出售”的招牌，扩音器中反复播放着“今天是波音公司时代的终结，波音公司关闭了最后一个车间”的通知。而与此同时，公司的全体员工们正在一个个垂头丧气地离开工厂……

这部录像的摄制是为了让员工保持一种危机心态，而事实上，也确实让员工受到了巨大震撼。那压抑的录像画面传达出的强烈的危机感使员工们意识到：只有全身心投入生产和革新中，公司才能生存，否则，今天的模拟倒闭将成为明天无法避免的事实！在这部录像面世以后，波音公司内部掀起了一个工作狂潮，整体工作积极性和主动性都有了质的飞跃。

正是这种忧患意识，让波音公司始终保持着强大的发展后劲。20世纪70年代，美国制造业受到日本产品崛起的强烈冲击，而波音公司始终屹立不倒，靠的正是这种危机感。

时刻保持危机意识，才能在危机来临时全身而脱。要知道，最坏的情况不是身处险境，而是置身险境却没有自救能力；真正的危机也不是灾难来临的那一刻，而是逐渐地退化而不自知，慢慢被蚕食，慢慢被吞没，当最终醒悟的时候已经太迟。

第五章

马太效应：
优秀源于一次次试错

马太效应：
成功是成功之母

“马太效应”是指强者愈强、弱者愈弱的现象，最早是美国科学史研究者罗伯特·莫顿在1968年提出的。当时莫顿是为了描述科学史上的一个奇特现象——越是声名显赫的科学家，通常越容易得到更高的声望。后来，人们用它来描述各个领域中两极分化、强者通吃的状态。

而“马太效应”则典出《圣经·新约·马太福音》中的一则寓言：

从前，一个国王要出门远行，临行前，交给三个仆人每人一锭银子，吩咐道：“你们去做生意，等我回来时，再来见我。”待国王回来时，第一个仆人说：“主人，您交给我一锭银子，我已赚了十锭。”于是，国王奖励他十座城邑。第二个仆人报告：“主人，你给我一锭银子，我已赚了五锭。”于是，国王奖励他五座城邑。第三个仆人报告说：“主人，你给我的那锭银子，我一直包在手帕里，生怕丢失，一直没有拿出来。”

于是，国王将第三个仆人所保存的那锭银子赏给了第一个仆人，说：“凡是少的，就连他所有的，也要夺过来；凡是多的，还要给他，叫他多多益善。”这就是“马太效应”的由来。

任何个体、群体或地区，一旦在某一个方面（如金钱、名誉、地位等）获得成功和进步，就会获得更多成功和进步的机会。可以说，“马太效应”对于领先者来说是一种优势的累计，强者随着积累优势，将有更多的机会变得更强，而弱者将被拉开更大的距离。

英国有句谚语：“成功繁殖成功。”或者叫：“成功是成功之母。”

我们平时常常听说“失败是成功之母”，却很少听说“成功是成功之母”。大概人们认为，只有在逆境中才能成就林肯、爱迪生这样的伟人，而从小就有天赋的年轻有为者总会出现“夭折”的悲剧；也许正是因为人们觉得林肯、爱迪生之辈在成功者中所占居多，才使人们有了“成功无法孕育成功”这个结论。

但事实上，这是一种大众传播的偏差。我们时常听说那些在逆境中成功的英雄，是因为这些英雄的故事本身曲折且少见，更具备广泛传播的可能性。事实上，绝大多数的成功者都是“从成功走向成功”，只不过他们的故事太过于平淡无趣，在“马太效应”的影响下，他们的成功逻辑大多是“因为他们很成功，所以他们变得更加成功了”。

失败确实可以磨炼人的意志，能让人清醒，能激起人更大的斗志。但“马太效应”是这个社会中最冷酷无情的规则，不会因为失败者坚忍不拔的意志而网开一面——从失败中走出来的人毕竟只是少数，大多数成功之路无疑都是由成功本身铸就的。

“马太效应”一个最大的表现形式是资源的累积。拥有资源的人可以吸引更多资源，因为资源本身会寻找别的资源去整合。与此同时，马太效应也会对个人的心理产生巨大的影响。成功者因为成功而自信，然后因为自信而更成功；而失败者因为失败而自卑，然后因为自卑而更失败。

不过，这个看似冰冷的现实背后，依然有一层辩证的核心。

对于成功者来说，“马太效应”同样有着消极作用：付出同样的努力，成功者获得成功比失败者更容易，这也就意味着必然有一些人无法清醒地认识自我，把“马太效应”带来的成功误认为是自己努力的结果。而对于失败者来说，“马太效应”同样有着消极作用：它可以使自己过早地成为舆论焦点，而卷进竞争的旋涡中不能自拔。

安慰剂效应：
暗示能带来扭曲现实的力量

吗啡是鸦片类毒品的重要成分，具有良好的镇痛效果，所以被长期用作止痛药物。在一次医学实验中，科学家使用吗啡持续为一位患者控制疼痛，但是在实验的最后一天，他们偷偷用生理盐水取代吗啡溶液，结果发现，生理盐水产生了和吗啡一样的功效，成功抑制了实验对象的疼痛。

在这个实验中，生理盐水充当了一种“安慰剂”，它并没有实际疗效，却产生了和吗啡一样的功效。这就是所谓的“伪药效应”，又称“安慰剂效应”，它是美国麻醉学和医药学家毕阙博士提出的概念。指的是病人虽然获得无效的治疗，但由于预料或相信治疗有效，而让病患症状得到缓解的现象。

“安慰剂效应”其实是一种潜意识的自我暗示。心理学家弗洛伊德在其《精神分析学》中，对“潜意识”下了一个精确的定义。他认为，潜意识是在我们的意识底下存在的一种潜藏的神秘力量，这是一种相对于意识的思想；而意识与潜意识具有相互作用，意识控制着潜意识，潜意识又对意识有重要影响。

可以说，潜意识具有无穷的力量，它隐藏在心灵深处，能够创造奇迹。1910年，法国心理学家爱弥儿·柯尔利用潜意识，发明了一套简短有效的“柯尔疗法”。他要求那些因为萎靡不振而导致出现各种各样身体状况的患者，每天早晚闭上眼睛坐在（或躺在）安乐椅上，让全身肌肉放松，然后小声地念出一句话：“每一天，我生活的各个方面都变得越来越好。”这段话必须早晚重复二十遍。

柯尔指出，在说出这这段话的时候，人们的潜意识会把它们记录下来。这时，不要让任何具体的事情侵扰自己的思想——不论是疾病还是生活中的麻烦，它们必须变成一个被动的受体。只保留这个“一切都变得越来越好”的愿望，从而让身体真的慢慢接近最好的状态。

柯尔的这种治疗方法，其实就是对“安慰剂效应”的一种现实运用。在日常生活中，心理暗示所拥有的力量，有时大到超乎我们的想象。

意大利著名歌剧男高音卡鲁索在一次表演中突然喉咙痉挛，无法登台演唱。眼看还有几分钟就要出场了，卡鲁索感到很恐惧，大滴的汗水从脸上淌了下来。他浑身颤抖地对自己说：“他们要嘲笑我了，我无法唱了。”

这时候，他意识到，再不自我调整就无法收场了。于是，他迅速冷静下来，开始利用心理暗示进行自我调整。他跑到后台，大声地对着所有人大喊：“我要唱歌了，我马上就要开始表演了，我的表演会非常成功！”如此这般重复许多遍后，他沉浸在表演成功的自我催眠意识中，喉部的痉挛居然开始慢慢消失。最终，他镇定地走上台，那场演出也获得了极大成功。

在心理学中，“暗示”指的是人或环境以自然的方式向个体发出信息，个体无意中接收了这种信息，从而做出相应反应的一种心理现象。换句话说，它是用含蓄、间接的办法对人的心理状态产生迅速影响，让我们在不知不觉中受到影响。

事实上，心理暗示现象在我们的日常生活中非常普遍，暗示每天都在不同程度地影响着人们的生活。当然，暗示的作用可以是积极的，也可以是消极的。最典型的例子是，在工作中一旦我们觉得某件事情很难办，存在着“不求有功，但求无过”的想法，就等于给了自己“我不行”的暗示，因此，最后往往无法做成这件事。

因此，在生活和工作中，大家应该多给自己一些积极的暗示，避免消极的暗示。最简单的办法就是接到一个任务之后，首先对自己说：“我能行，这个对我来说太简单了。”

“安慰剂效应”在医疗领域的研究，已经充分证明了潜意识的巨大力量，甚至可以在不依赖药物的情况下让身体自行产生药理反应。但是，在日常生活中，并没有医生来给我们开“安慰剂”，因此，我们只有不断地用充满希望与期待的话语来与潜意识交谈。同时，尽量不去想那些影响心情的事情，而是建立积极、正面的心态，如此，我们会活得更快乐、更成功。

马蝇效应：
如何把压力转化为动力

再懒惰的马，只要身上有马蝇叮咬，它也会立即抖擞起精神，飞快地奔跑，这就是所谓的“马蝇效应”。

“马蝇效应”源于美国总统林肯的一段有趣的经历。1860年，林肯赢得大选后开始组建内阁，一个叫作巴恩的大银行家看见参议员萨蒙·波特兰·蔡思从林肯的办公室走出来，就对林肯说：“您千万不能让蔡思进入您的内阁。”

林肯问：“你为什么这样说？”巴恩答：“因为他本想入主白宫，却败在您的手下，他肯定会怀恨在心。”林肯说：“哦，明白了，谢谢。”但是，出人意料的是，随即林肯就把蔡思任命为财政部长。

林肯就任后，有一次，他接受了《纽约时报》的亨利·雷蒙特的专访。在专访过程中，雷蒙特问林肯为什么要把这样一个劲敌安置到自己的内阁中。于是，林肯讲了一个故事作为回答：

林肯少年时和他的兄弟在肯塔基老家的一个农场里犁玉米地。林肯吆马，他兄弟扶犁，而那匹马很懒，慢腾腾地走走停停。可是，有一段时间，马却走得飞快。林肯感到奇怪，到了地头后，他发现有一只很大的马蝇叮在马身上，就随手把马蝇打落了。看到马蝇被打落了，他兄弟就抱怨说："哎呀，你为什么要打掉它，正是那家伙使马跑起来的啊！"

讲完这个故事，林肯对雷蒙特说："现在，你知道为什么我要让蔡思进入内阁了吧？"

林肯把一个时刻威胁着自己地位的政客引入内阁，就是希望自己能像被马蝇盯上的马一样，毫不懈怠地往前跑。

马蝇叮咬马，马才会跑得飞快，人其实也一样。心理学家研究发现，与站立相比，人们更喜欢坐着——人的本质是喜静不喜动，这是由人内心寻求安逸的天性决定的。有人曾经这样说："安逸、舒适的生活足以毁灭一个天才。"的确，无数的例子证明，过于安逸的生活能消磨掉人的斗志，并在日常琐事中将个人的才华、潜力消耗殆尽。

日本本田株式会社创始人本田宗一郎提出一个观点，一个优秀企业的员工基本可以分为三类：20%的骨干型人才，60%的勤勉型人才，以及20%资质平平的普通员工。但是，公司不可能一刀切地将那20%的普通员工裁掉，因为那样做的管理成本太大。而且，这20%的员工也不都是"蠢才"，他们只是缺乏进取心、甘于平庸而已。

后来，本田宗一郎受"马蝇效应"的启发，决定从人事方面改革，激励这些普通员工。经过周密的计划和努力，本田宗一郎找来了这样一只马蝇——松和公司的销售副经理、年仅三十五岁的武太郎。本田宗一郎选择武太郎，正是因为看中了他“雷厉风行的才干和刻薄无情的管理风格”。

武太郎接管本田销售业务后，因其极度严厉、近乎苛刻的管理风格几乎遭到了所有员工的痛恨，但是痛恨之余，却不得不打起十二分精神投入工作中，原因在于武太郎的综合能力极强，他可以开除掉任何一个他觉得拖了部门后腿的人，而不让部门业务受到任何影响。在这只“大马蝇”的叮咬下，那20%的普通员工爆发出了惊人的潜力，公司销售额直线上升，公司在欧美市场的知名度也因此不断提高。

人都是“激”出来的，因为人皆有惰性，如果没有外力的刺激或震荡，许多人都会四平八稳、舒舒服服、得过且过地走完人生之路。那些优秀的人才固然能力出众、天赋过人，但是，许多算不上优秀的庸才却未必真的平庸，很可能只是缺乏激励，没能把自己真正的潜力发挥出来而已。

因此，想取得成功，我们就要学会主动接受外在的激励，让外在压力变成内在的动力，挖掘出潜藏于自身的真正的实力！

布里丹毛驴效应：
选择之前不犹豫，选择之后不后悔

布里丹有只小毛驴，这只小毛驴像它的主人一样，智慧而理性。仆人每天都会准备一堆草料喂养小毛驴。有一天，仆人有事要出门两天，于是他额外多准备了一堆一模一样的草料放在旁边。谁知道，当第三天仆人回来的时候，毛驴却饿得奄奄一息。

原来，布里丹的毛驴站在两堆数量、质量和与它之间的距离完全相等的干草之间左右为难——它虽然享有充分的选择自由，但由于两堆干草价值相等，客观上无法分辨优劣，

于是，这头可怜的毛驴就这样站在原地，一会儿考虑数量，一会儿考虑质量，一会儿分析颜色，一会儿分析新鲜度，犹犹豫豫，来来回回，最终整整两天两夜没有进食——在无所适从中差点把自己饿死。

这个就是“布里丹毛驴”的故事，是根据14世纪的法国哲学家简·布里丹提出的一个悖论而演绎出来的。“布里丹悖论”原命题是这样的：“一只完全理性的驴恰处于两堆等量等质的干草的中间将会

饿死，因为它不能对究竟该吃哪一堆干草做出任何理性的决定。”

布里丹提出这个悖论的最初目的，是反驳当时的理性主义思潮，为信仰做辩护，认为如果人过于理性的话，就会像那只挨饿的毛驴，陷于无尽的决策危机中不能自拔。在心理学上，就把这种因为反复权衡利弊而犹豫不定、迟疑不决的现象称为“布里丹毛驴效应”。

但事实上，真正的极端理性是不存在的，就如很多心理学家反驳“布里丹毛驴效应”时所说的——其对理性的理解过于狭隘，而事实上，理性是允许人跳出选择怪圈进行思考的。换句话说，布里丹的毛驴面前除了两堆稻草的选择之外，还有另一个选择方式，那就是在随意选择一堆稻草和饿死之间做出选择。

当我们优柔寡断、举棋不定的时候，往往会认为自己是一个理性而谨慎的决策者，优柔寡断的人总是徘徊在取舍之间，无法定夺，却把畏首畏尾理解为“细致的理性对比”。这样会使得本该得到的东西，轻易地失去了；而本该舍去的东西，又耗费了自己的许多精力。

但正如那些反对者所言，这种理性是狭隘的，本质上是对选择本身的恐惧：现实世界中没有两堆一模一样的稻草，任何一种选择都意味着放弃另一个选择，同时意味着不得不面对一个未知的结局。没有人知道自己的选择会带来怎样的结果，于是，在恐惧心理的驱使下反复权衡利弊。殊不知，很多抉择时刻都不会留给我们足够的时间慢慢思考。哪一个都不敢选的结果，很有可能是哪一个都得不到。

在印度流传着这样一个笑话：古印度有一位哲学家，以其过人的智慧迷倒了无数女性。有一天，一个漂亮的女子来敲他的门，说：

“让我做你的妻子吧！错过我，你将再也找不到比我更爱你的女人了！”哲学家虽然很兴奋，但是仍理智地回答：“让我考虑考虑！”

哲学家将结婚和不结婚的优点和缺点分别罗列出来，却发现两种选择好坏均等。于是，他陷入了苦恼之中。最后，他得出一个结论——人在面临抉择而无法取舍的时候，应该选择自己尚未经历过的。不结婚的处境自己是清楚的，但结婚会是怎样的情况，自己还不知道。于是，他决定答应那个女人的请求。

哲学家来到女人的家中，问女人的父亲：“你的女儿呢？请你告诉她，我考虑清楚了，我决定娶她为妻！”女人的父亲冷漠地回答：“你来晚了十年，我女儿现在已经是三个孩子的妈了！”

虽然这个笑话充满了反智主义倾向，但它表达的道理却发人深省：哲学家表面上是以一种绝对理性的态度来决断自己的婚姻的，但实际上是因为对选择充满了恐惧，希望能以一种自以为理性的手段来对抗自身的恐惧情绪。

这则笑话后来又被人加了一段结局：哲学家第二年就抑郁成疾，临死时，他将自己所有的著作丢入火堆，只留下一段对人生的批注——如果将人生一分为二，前半段人生哲学是“不犹豫”，后半段人生哲学是“不后悔”。

选择之前不犹豫，选择之后不后悔——这才是对“布里丹毛驴效应”最好的反击。

基利定理：
成功的核心在于不被失败左右

“基利定理”源自美国多布林咨询公司集团总经理拉里·基利的一句话：“容忍失败，是人们可以学习并加以运用的极为积极的东西。成功者之所以成功，只不过是因为他不被失败左右而已”。于是，人们将“成功的能力”和“不让失败左右的能力”之间的关联关系称为“基利定理”。

1866年7月13日，世界上第一条横跨大西洋的海底电缆铺设完成，并且一直使用到现在。但很少有人知道，这条电缆当初在铺设的时候，有多少次差点功亏一篑！

跨大西洋海底电缆计划最早是希拉斯·菲尔德提出来的，然而，在一开始就差点夭折：菲尔德的方案在议会上遭到了极其强烈的反对，多名议员明确表示，这是一项不可能完成的任务，纯粹是浪费金钱。但菲尔德没有放弃，而是使尽浑身解数反复游说，最后终于在上院表决中以一票的优势通过。

随后，菲尔德开始了铺设工作。然而，就在电缆铺设到五英里

（1英里≈1.61千米）的时候，却突然被卷到了机器里面，工程被迫中断。菲尔德不甘心，又进行了第二次试验。这一次，铺设了两百英里，突然电流中断，菲尔德不得不下令割断电缆，工程再次中断。然后，在第三次试验中，工程船突然发生了一次严重倾斜，制动器紧急制动，工人不得不再一次割断了电缆。

参与这件事的很多人都很泄气，公众对此流露出怀疑的态度，投资者也对这一项目失去了信心。但菲尔斯不是一个轻易放弃的人——他又订购了七百英里的电缆，而且又聘请了一个专家，然后开始了第四次铺设。这一次，总算一切顺利，全部电缆铺设完毕，而且，也通过这条漫长的海底电缆成功发送了几条消息——似乎曙光在前，马上就要大功告成了。就在这时，电流又中断了，菲尔德不得不再次割断电缆返航，功亏一篑。

所有人都绝望了，除了菲尔德。他再一次活跃在伦敦投资界，最终又找到了投资人，开始了新的尝试。这一次，铺设工作坚持了六百英里，电缆折断沉入海底，菲尔德尝试打捞电缆，但没有成功。于是，这项工作就耽搁了下来，而且一搁就是一年。

这时的菲尔德只剩下一个信念：把工程继续下去。这一年中，他又组建了一家新的公司，而且制造出了一种性能远优于普通电缆的新型电缆。到1866年7月13日，在各界人士充满怀疑的眼光中，他又开始了新的试验。

这一次，菲尔德终于成功了。几次通信测试都没有遇到任何问题，菲尔德激动地发出了第一份横跨大西洋的电报：“7月27日。我们晚上九点到达目的地，一切顺利。感谢上帝！电缆都铺好了，运行完全正常。希拉斯·菲尔德。”

菲尔德的成功证明：只要目标可行，那么，失败只是暂时的；只要不被失败左右，对成功抱有坚定的信念，就总会有成功之时。

有一首诗是这样的：

若是成功眷顾了你，请你坚守梦想，因为她是你的导师。

若是失败困扰着你，请你坚守梦想，因为她是你的灯塔。

若是金钱权力诱惑着你，请坚守你的梦想，因为她的价值远胜于前者。

若是梦想抛弃了你，请自省，你很快会发现：

其实是你抛弃了梦想，那么请拾起她，放飞她，也许成功就会离你很近。

失败，是成功的必经阶段，没有谁能永远顺风顺水，摔倒并不可怕，真正决定最终成败的，是你摔倒后能否立即爬起来。

贝尔纳效应：
每一条路都必然通向一个终点

英国学者贝尔纳是一位著名的科学天才，但他却未能获得诺贝尔奖。他一生中所获的最高的荣誉，也不过是英国皇家学会勋章和国外院士之职。但贝尔纳的同事和学生们都相信，以贝尔纳的天赋，完全不应该只达到这样的高度。

对此，他们给出了解释："他（贝尔纳）总是喜欢提出一个题目，抛出一个思想，首先自己涉足一番，然后，就留给他人去创造出最后的成果。全世界有许许多多原始思想应归功于贝尔纳的论文，却都在别人的名下出版问世了……他由于缺乏'面壁十年'的恒心而蒙受了损失。"

这段话提出了一个关键问题：贝尔纳的失败，根源在于其多次浅尝辄止，且缺乏持之以恒的努力。后来，心理学家便将这种现象称为"贝尔纳效应"。

英国诗人威廉·柯珀曾语重心长地说："即使是黑暗的日子，能挨到天明，也会重见曙光。"

的确如此，千万人的失败，都是因为做事无法坚持到底；往往做到离成功还差一步，便骤然中止。其实只要我们再坚持一阵子，便会看到成功的曙光。如果我们不轻言放弃，再多花一点儿力量，再坚持一段时间，那些下大功夫争取的东西其实就在眼前了。

我们都听过挖井人的故事：一个人要挖一口井，但挖了许多天都没有挖出水来，于是他放弃了这个地方，到下一个地方继续挖。这次，他又挖了许多天，还是没挖到水，于是又放弃了。就这样，他挖了许多个深深的洞穴，却始终未能开掘出一口井。于是，他断言这个地方没有水。不久之后，人们在他挖过的最深的一个洞穴底层发现了湿土。于是，有人继续他未完成的工程。结果，他之前挖过的地方全都有水——这个故事正是对“贝尔纳效应”最好的阐释。

但这绝不仅仅是一个故事。1940年，敦刻尔克大撤退后，英国派驻法国远征军的所有重型装备都丢弃在欧洲大陆上，导致英国本土的地面防卫出现严重问题。与此同时，纳粹德国开始了针对英国本土的入侵计划，整个英国陷入了苦战。来自内阁和议会的绥靖派势力抬头，纷纷施压丘吉尔，要求他和希特勒妥协，寻求和平的可能。但丘吉尔拒绝了，他相信只要熬过最艰难的两年，战局必将发生扭转。

因此，丘吉尔始终顶住压力主张坚决抗争。1941年秋，丘吉尔在一次采访中对记者说：“我研读历史，历史告诉我们，只要你撑得够久，事情总是会有转机的。”

就在1941年的10月，德国空军因为损失过大放弃了对英国的空袭，12月，日本偷袭珍珠港，美国被卷入第二次世界大战，纳粹德国再也没有能力对英国本土发动登陆作战。这时，离丘吉尔那番讲话只过去了不到三个月。

后来的结果众所周知：第二年冬天，纳粹德国数百万大军被围困在寒冷的斯大林格勒，第四年夏天，盟军在诺曼底登陆，第五年春天，德国投降。丘吉尔则带领英国撑过了最困难的时期，最终成为战胜国。

最后的努力奋斗，往往是胜利的一击。在这个世界上，没有什么能够取代持之以恒的毅力。能力无法取代坚持，这个世界上最不缺的就是才华横溢的失败者；机遇也无法取代坚持，“幸运的倒霉蛋”比比皆是，失败的天才司空见惯；教育也无法取代坚持，这个世界充满具有高深学识的被淘汰者。

“贝尔纳效应”的原型——贝尔纳本人，就是活生生的例子。要相信，每一条路都必然通向一个终点，而只有持之以恒的人才能抵达。

第六章

首因效应：人际交往中的心理学法则

首因效应：
良好的第一印象是成功的一半

“首因效应”由美国心理学家洛钦斯首先提出。1957年洛钦斯做了一个实验，他用两个杜撰的故事做实验材料，描写的是一个叫詹姆的学生的生活片断。在一个故事中，作者把詹姆描写成一个热情并且外向的人，另一个故事则把他写成一个冷淡而内向的人。然后，洛钦斯把这两个故事分别给ABCD四组水平相当的中学生阅读：

其中AB两组中学生读到的故事一模一样，区别只是顺序不同：A组先读了描写詹姆热情外向性格的故事，然后再读描写他冷淡内向的故事，而B组读到的故事顺序则相反，描写詹姆性格冷淡内向的故事放在前面，描写他性格外向的故事放在后面。

剩下的C组只读到描写詹姆外向的故事，D组则只读到描写詹姆内向的故事。

之后，洛钦斯让这些中学生对詹姆的性格进行评价。结果表明，A组中有78%的人认为詹姆是个比较热情而外向的人，B组有82%的人认为詹姆是个冷淡而内向的人，而C组有95%的人认为詹姆外向，D组有97%的人认为詹姆内向。

洛钦斯的研究证明了第一印象对认知的影响，并将其称为“首因效应”，指交往双方形成的第一印象对今后交往关系的影响。虽然这些第一印象并非总是正确的，但却是最鲜明、最牢固的，并且决定着以后双方交往的进程。

这就是为什么在与某人第一次打交道之前，我们常常会听到这样的忠告：“要注意你给别人的第一印象！”一旦建立起不良的“第一印象”，那么，接下来的交往过程中，我们可能都会受到这种糟糕的第一印象的影响。

在人际交往过程中，第一印象有时是来源于他人的评价，就像洛钦斯设计的实验一样，但更多的时候，是来源于对一个人的视觉观感。绝大多数人确实会在见到某个人的头几秒钟内捕捉一系列图像或快照，然后，他们将其中最重要的一些信息转化为对那个人的潜意识判断。所谓的以貌取人，便是首因效应的直观反映。因为外形、衣着和所表现出来的精神面貌，往往可以表现一个人的身份和个性。毕竟，要对方了解我们的内在美需要较长的时间，只有外在的仪容举止能让人们一目了然，第一眼就留下深刻印象。

在被称为“新时代销售圣经”的畅销书《销售潜能》中，作者说了这样一段经历：

某天，一位销售员来拜访他。这位销售员的专业素养并没有太大的问题，推荐的产品也确实很不错，唯一的问题是，作者第一眼看到这位销售员的时候，就觉得他的衣服非常不合身，显得十分邋遢。于是，在整个过程中，作者一直在走神，大部分时间都看着他的鞋子、他的裤子，再扫过他的衬衫和领带，然后心想：如果这位专业销售人员说的都是真的，那他为什么穿得如此落魄呢？

“他告诉我他手中有很多订单，他有许多客户，那些客户也大量地购买了这种产品。但他的外表实在让我难以相信他说的话是真的。我最后没有购买，因为我对他的陈述没有信心。”在书中，作者这样说道。

可见，第一印象确实非常重要，而其中视觉印象尤其重要。一个人得体的着装和饱满的精神等于在告诉大家：“这是一个重要的人物，聪明、成功、可靠。大家可以尊敬、仰慕、信赖他。他很自重，我们也尊重他。”

尽管很多时候一个人的内在和外在并不对等，但“首因效应”本身就是一种纯感性的判断。一旦形成了一个感性的负面认识，想通过理性判断来改观，就需要花一些力气了。毕竟第一印象的烙印是非常深刻的，很长时间内都不容易改变。

近因效应：
留下最好的“最后印象”

“近因效应”同样是由洛钦斯提出的，但指向却和“首因效应”相反。

洛钦斯把“首因效应”的试验流程做了修改，他先让AB两组学生阅读詹姆的其中一则故事，然后中途插入了一些其他不相干的作业，例如做一些数字演算、听历史故事，之后再让他们读第二则故事。最后，让AB两组学生描述詹姆的性格。

这时候，实验结果就和“首因效应”反过来了，两组学生都对最后一个故事印象深刻，并影响了他们对詹姆性格的描述。

所谓“近因效应”，是指在多种刺激呈断续性出现的时候，印象的形成主要取决于最近一次出现的刺激。表现在人际交往中，即我们对他人最新的认识占了主体地位，掩盖了以往形成的对他人的评价。

“近因效应”和“首因效应”的区别之处在于“多种刺激呈断续性出现”。

洛钦斯认为：在关于某人的两种信息连续被人感知时，人们总倾向于相信前一种信息，并对其印象较深，这个时候起作用的是“首因效应”；而在关于某人的两种信息断续被人感知时，起作用的则是“近因效应”。

同时，也有心理学家指出，“首因效应”和“近因效应”区别的前提条件在于：与陌生人交往时，“首因效应”起较大的作用；而在与熟人交往时，“近因效应”起较大的作用。这也是最符合常识的一种解释——我们和陌生人相处时，最看重的是首次见面的感觉，而和朋友分别后，最怀念的往往是分别之前的情景。

也就是说，前者能影响两个素未谋面的陌生人是否会成为朋友，而后者能影响两个许久未见的朋友是否还能继续维持朋友关系。

菲比和林奇是邻居，从小在一起长大。菲比比林奇年纪大些，平时就像姐姐一样关心林奇。林奇也从心底里喜欢菲比，把菲比当作情同姐妹的知心朋友。可是有一次，因为一件很小的事情，她们闹翻了，菲比和林奇吵了一整天的架，之后两个人心里都生着闷气，相互不理不睬。

一个月后，林奇因为父母换工作搬家了，搬去了一个很远的城市。走之前，她和菲比依然没有和好，因为她们固执地认为，对方应该先向自己道歉。

接着，她们就断绝了联系。几年后，林奇和菲比都长大了，小时候闹过的矛盾突然变得幼稚可笑。于是，林奇开始给菲比写信，而菲比也回复了。两个人恢复了信件往来，但是，她们的关系却再也回不到以前了——因为她们所记得的分别前的最后一幕，是两个人愤怒的争吵，以及相互间冷漠的眼神。

在菲比和林奇多年的友谊中，肯定有许多值得回味的温情时刻，但是，由于她们分离了，所以近因效应发挥了作用，离别前最后发生的事情掩盖了曾经的温情。由此，我们不难看出，在熟人间的交往中，最近、最后的印象往往是最强烈的，甚至可以冲淡在此之前的印象。

在我们的生活中，这种现象并不罕见。一个一直以来恶贯满盈的人，因为最后幡然悔悟，放下了屠刀，就会让我们感动落泪，甚至将其当作圣人；相反，一个一直以来规行矩步的人，因为一时不慎铸成大错，就会让我们咬牙切齿、口诛笔伐，甚至把他当作败类……产生这类现象的原因都是“近因效应”。

因此，无论是首因效应还是近因效应，其实都是一种偏激的认知方式。我们在为人处世的时候，要懂得用首因效应和近因效应与他人良好地相处，但也要时刻提醒自己，千万不要落入这些心理陷阱中。在与人交往时，应该全面、深入地了解他人的情况，避免以片面的印象做论断。

晕轮效应：别被“光环”迷了慧眼

“晕轮效应”最早是由美国著名心理学家爱德华·桑戴克于20世纪20年代提出的，又称“光环效应”，是指人们对他人的认知和判断往往只从局部出发，扩散而得出整体印象。晕轮效应本质上是一种以偏概全的认知上的偏误，就像月亮周围的光环一样向周围弥漫、扩散，从而掩盖了其他品质或特点。

桑戴克用一个实验来证明“晕轮效应”的存在。他随机选取了一些人的照片并展示给志愿者看，这些照片上的人有的魅力十足，有的邋遢猥琐，还有的则是毫无特色。然后，桑戴克让志愿者根据照片评价这些人的性格特点。结果表明，被试者对有魅力的人比对无魅力的赋予更多的理想特征，如和蔼、沉着、好交际等。

这就是所谓的“晕轮”了。一个人如果展现出了某个优秀的特质，他就会被一种积极肯定的光环笼罩，从而被赋予一切优秀的品质；如果一个人展现出的是某个糟糕的特质，那么他同样被一种消极否定的光环所笼罩，所有的坏品质都会被加到他的头上。

“晕轮效应”的本质就是一种以偏概全、以点带面的评价倾向，是个人主观推断泛化和扩张的结果。由于光环效应的作用，一个人的优点或缺点一旦变为光圈被夸大，其他优点或缺点也就退隐到光圈背后了。

“情人眼里出西施”，说的就是这个道理。恋爱中的男女，看对方都是优点而没有缺点。这就是因为一方被对方身上的某个优点所吸引，之后受“晕轮效应”的影响，会使其觉得对方身上全是优点。

“晕轮效应”中最典型的一种，当属所谓的“名人效应”。

显而易见，那些名不见经传的人很少出现在各种类型的广告中，在广告里出现的大多是那些妇孺皆知的影视明星的身影。因为那些明星的魅力形成的光环足以说服普通消费者，让他们相信明星无所不能，明星说的都是对的。如此一来，明星推销商品的行为更容易得到普通消费者的认可。

不仅广告业里有“名人效应”，文学界里也有这种“名人效应”。

一个文学青年在没有成名之前，想要出版一本书往往颇费周折，退稿是常有的事。可一旦成名，即使是以前初学写作时写的那些并不成熟的作品，也会被人翻箱倒柜地找出来竞相发表。

企业界同样也有“名人效应”。那些将企业形象或产品与名人相联系，聘请名人为企业做宣传的企业，常常能够依靠名人的名气为企业聚集旺盛的人气，从而使企业形象深入人心，进而使自己旗下品牌的产品畅销不衰。

刻板印象：
最不靠谱的“第零印象”

“刻板印象”是一个社会心理学概念，主要是指人们对某个事物形成的一种概括固定的看法，并把这种看法推而广之，认为这个事物具有这种特征，而忽视了个体差异。

心理学家曾做过一个实验：将同一个人的照片分别给两组被试者看，对A组说“这个人是个罪犯”，对乙组说“这个人是位大学教授”。然后，请两组被试者分别对这个人照片中的面相特征进行评价。

结果，甲组普遍认为：这个人眼睛深陷表明他凶狠、狡猾，下巴外翘反映其顽固不化的性格；而乙组则普遍认为：这个人眼睛深陷表明他具有深邃的思想，下巴外翘反映他具有探索真理的坚毅精神。

同一个人，同样的面部特征，却因为不同的身份获得了不同的评价，这就是刻板印象的体现。因为在大多数人眼中，罪犯等同于凶恶、狡猾，而教授则更容易和睿智、博学等正面评价联系起来。

在社会知觉中，个体往往将信息分门别类地处理。“物以类聚，人以群分”，人们总是倾向于以一定的标准将人归类，这一过程就是类别化。“刻板印象”就是类别化的产物，它是指人们对某个群体中的人形成的一种概括而固定的看法。生活在同一地域或文化背景中的人们常表现出许多相似性，人们便将这种相似的特点加以归纳，概括到普遍认识中并固定下来，便形成了刻板印象。

事实上，刻板印象本身并不可笑，在人类历史上的很长一段时间内，刻板印象都是一种很有价值的社交心理。因为在工业革命以前，社会阶层与人员流动率低，信息交流也不发达，所以群体中个体的相似度也较高。

但是，放在现代社会中，刻板印象就显得非常不合时宜了，消极作用也非常明显。如果我们在人际交往中总是以刻板印象去评价他人，套用对群体的普遍认知去和某一个体进行交流，就很容易造成误解，甚至得出荒谬的结论。

1933年，美国社会心理学家曾做过一次调查实验，先让一百名白人大学生看一组人物照片，这些照片中既有黑人也有白人。然后，再给他们一组形容词，让他们将这些形容词和照片中的人物一一对应。最后的调查结果表明，很大一部分负面词汇，比如“迷信”“懒惰”“好斗”等，都被分配给了黑人。

到了2009年，当时的美国总统是有着黑人血统的奥巴马。于是，又有心理学家做了一次同样的调查，只不过这次他们将被试者分成了两组，其中一组被要求在分配词语之前先想一想奥巴马，结果发现那些事先联想过奥巴马光辉形象的被试者在对黑人的照片做评价的时候明显分配了更多的正面词汇。

研究者把这种现象戏称为“奥巴马效应”，说的是一旦从个体的角度去考虑，“刻板印象”就会被打破。因此，在与人交往时，我们要尽量避免“刻板印象”的消极影响，要懂得考虑事情原因和结果的多样性、复杂性，而不是“一个事物，一种现象，一个结果”。

毕竟，世界上没有两片完全相同的树叶，也没有两个完全相同的人，学会多方位、多角度地观察社会，真正认识到“群体普遍性”与“个体独立性”之间的差异，才能免于落入刻板印象的陷阱。

当然，刻板印象也并非一无是处。在处理很多问题的时候，都可以将这种社交心理应用其中。

例如，很多公司在做入户调查的时候，一般都选择女性调查员，这是因为人们对女性的刻板印象就是比较善良、攻击性较小、力量也比较单薄，因而入户访问对主人的威胁较小；男性则更容易使人联想到一系列与暴力、攻击有关的事物，使人们增强防卫心理，所以，身强力壮的男性如果要求登门访问，则很容易被拒绝。

曼狄诺定律：
不懂社交技巧？那就微笑吧

“曼狄诺定律”又称“微笑定律”，是由美国作家奥格·曼狄诺提出的。这条定律的内涵只有一句话：“微笑可以换取黄金。”曼狄诺认为，微笑是世界上最美的行为语言，虽然无声，但最能打动人；微笑是人际关系中最佳的“润滑剂”，无须解释，就能拉近人们之间的心理距离。

“曼狄诺定律”最初是作为一条人际交往法则提出来的，之后，便得到了心理学家的普遍认可。加利福尼亚大学心理学教授詹姆斯在通过一系列研究后指出：人们在微笑时，全身的肌肉处于最松弛的状态，而且心理状态也相对稳定，因此，微笑是一种“最正面的情绪表达方式”。

而且，微笑带来的正面情绪还具有很强的传播性，当充满笑意的目光与别人的目光相遇时，这种正面情绪会通过“无形的沟通之桥”传递给对方，自然而然地，两个人之间的气氛会变得和谐，相处起来也就融洽多了。

美国著名的企业家吉姆·丹尼尔就是靠着一张笑脸神奇般地挽救了濒临破产的企业的。当时，丹尼尔公司陷入了经济困境，丹尼尔想了很多办法来改善管理。最后，他听从了一位管理学家的建议，把公司的标志改成了一张笑脸。然后，他把这张笑脸印在了公司的标语墙、大门和信封上，同时号召大家在工作时尽可能露出微笑。

丹尼尔自己更是以身作则，每天带着和企业标志一样的微笑奔走于各个车间。结果，员工们渐渐被他感染，公司在几乎没有增加投资的情况下，生产效率提高了80%。而公司整体工作氛围也变得更和谐，离职率有了显著降低。不到五年，丹尼尔公司不仅还清了所有的欠款，还扭亏为盈。

微笑具有一种神奇的魅力，虽然它本身没有任何力量，却能激发人心中的正能量，令人振作精神，进而激发出惊人的潜能。

在现实生活中，微笑同样能化解一切冰冷，获得他人的好感。比如朋友、同事之间的争执、误解，家人、邻居之间的矛盾，恋人、兄弟之间的隔阂，等等，都可以一笑了之。所以，在人际交往中，不管遇到什么困难，不管遇到多么尴尬的事情，都不要忘记微笑。没有什么事情不能用微笑化解，只要你是发自真心！

可以说，微笑是沟通人与人之间关系的桥梁，纵使再远的时空阻隔，只要一个微笑就能拉近彼此之间的心灵距离。微笑是人际交往的通行证，没有一个人不喜欢和面带微笑的人打交道！

但是，微笑看似简单，要把握得恰到好处并不容易。

美国的人寿保险以直销模式为主，因此非常考验销售员的能力。威廉·怀拉就是其中的佼佼者。而他的秘诀也很简单，就是拥有一张令顾客无法抗拒的笑脸。但是，那张迷人的笑脸并不是天生的，而是长期苦练出来的。

怀拉原来是美国家喻户晓的职业棒球明星，到了四十岁时，因体力日衰而被迫退休，而后去应聘保险公司推销员。他原以为，以自己的知名度肯定会被录取，但是，人事经理却拒绝了他："保险公司的推销员必须有一张迷人的笑脸，而你没有。"

听到这句话，怀拉开始苦练微笑。他每天在家里放声大笑百次，甚至邻居都以为他因失业而发神经了。为避免被人误解，他干脆躲在厕所里练习大笑。

有一天，他散步时碰到社区的管理员，很自然地笑着跟管理员打招呼，管理员对他说："怀拉先生，你看起来跟过去不大一样。"这句话使他信心大增，于是他立刻又去保险公司应聘。这次，人事经理依然拒绝了他，但态度却和善多了："确实好多了，不过，那不是发自内心的笑。"

怀拉不得不继续练习，他搜集了许多公众人物迷人的笑脸照片，将其贴满了屋子，以便随时观摩。同时，他还买了一面与身体同高的大镜子，一边大笑一边纠正自己的表情。经过一番不懈的努力，终于悟出"发自内心的如婴儿般天真无邪的笑容最迷人"，并且练成了那张被业内称为"价值百万美元"的笑脸。

可见，微笑的精髓不在于技巧，而在于真诚，"皮笑肉不笑"的虚情假意只会让人反感。有人说，如果不懂社交技巧，那就表现你的真诚，怎么表现真诚？真诚地微笑吧。要知道，任何人都不会轻易拒绝一个流露真诚笑意的人。

虚假同感偏差：换位思考，而不是以己度人

1977年，斯坦福大学的社会心理学教授李·罗斯进行了一项实验。首先，他让志愿者做出一个选择：是否愿意挂上写着“来乔伊饭店吃饭”的广告牌在校园里闲逛三十分钟。罗斯选取的志愿者中，有大约一半的人同意挂上广告牌，另一半则不同意。

然后，罗斯让同意的和不同意的志愿者分别猜测其他人是否会同意挂广告牌，同时会选择哪种方式；同时猜测那些与他们选择不一致的人的特征属性。

结果，在那些同意挂广告牌的志愿者中，62%的人认为其他人也会同意这么做。并且说：“那些拒绝的人是怎么回事？这有什么不好？假正经！”而那些拒绝这么做的志愿者中，只有33%的人认为别人会同意挂广告牌，并且说：“那些同意挂广告牌的人真是古怪至极。”

李·罗斯的这项实验是为了论证“虚假同感偏差”。“虚假同感偏差”又叫“虚假一致性偏差”，指的是人们常常高估或夸大自己的

信念、判断及行为的普遍性，人们在认知他人时总喜欢把自己的特性强加在他人身上，假定自己与他人是相同的。

通俗一点说，即我们每个人都觉得别人和自己想的一样，而那些和我们想法不一样的人，无疑都是某些方面的“怪胎”。

虚假同感偏差就是一种典型的缺乏换位思考的心理表现，即我们常说“以小人之心度君子之腹”。也就是说，在人际交往中，我们习惯用自己的标准去衡量别人的行为，衡量周围的事物，并把自己的感情、意志、特性投射到其他事物上，并未想到将自己摆在对方的位置，用对方的视角看待世界，所以才会觉得别人的所作所为无法理解。

我们不仅不能把自己的想法强加给别人，而且，还必须学会从他人的角度思考问题。沟通大师吉拉德说：“当你认为别人的感受和你自己的一样重要时，才会出现融洽的气氛。”我们需要多从他人的角度考虑问题，如果对方觉得自己受到重视和赞赏，就会报以合作的态度。如果我们只强调自己的感受，别人就不会与你交往。

法国穆兰兄弟公司高级经理人约翰·威尔的女儿妮可·威尔十六岁时十分叛逆、乖张，令威尔夫妇伤透了脑筋。

一天约翰·威尔在房间里亲眼看到楼下的女儿回来了，但是，妮可·威尔却挑衅般地与送她回来的男孩亲吻！然后，她无视父亲因为愤怒而发抖的模样，走回了自己的房间。

约翰·威尔气得暴跳如雷，像一头愤怒的狮子一样在原地低吼打转。这时，约翰·威尔的妻子小心翼翼地对他说：“约翰，我们也许并不爱妮可。”“什么？不爱她我们为何还要如此管教她？否则，早就放任她游荡了。”“是这样的，”妻子说，“但我们从来没有站在她的角度思考。我们也许都太自私了，我们一味地教训她，从不考虑她的感受，或许，她正为这个恼火呢。”

威尔夫人的这番话，让威尔若有所思地点了点头。他决定试一试妻子的方法。于是，他来到女儿的房间，为自己刚才的态度道歉。

奇迹出现了，妮可第一次痛哭流涕地说：“我原来以为你们对我很失望，而且，也不打算再管我了……”

生活中，很多人都非常努力地试图改变别人，却事与愿违，其原因就在于不会换位思考。无法深入体察对方的内心世界，自然也就解决不了对方的问题。

然而，值得注意的是，真正的换位思考是一个移情的过程，需要你发自内心地体谅别人，并真正地站在他人的立场，像感受自己一样去感受他人。

不幸的是，许多人的换位思考缺少了移情这一根本要素。他们或是站在自己的位置上去猜想别人的想法及感受，或是站在一般人的立场上去想别人应该有什么想法和感受，或是想当然地假设一种别人感受。这样的换位思考，其实，仍局限于自己设定的小圈圈之中，而根本无法体会他人真正的感受和思想。

而只有真正地移情，真正设身处地为他人着想，换位思考才能起到积极的作用。

第七章

自重感效应：成为社交达人的心理学技巧

自重感效应：让人觉得自己重要，这很重要

“自重感效应”源于心理学泰斗弗洛伊德的理论，弗洛伊德曾说：“人一生最大的需求只有两个，一个是性需求，一个是被当成重要人物看待的自重感需求。”

美国实用主义哲学家杜威也曾说过：“自重的欲望，是人们天性中最急切的要求。”

后来，这一理论被著名成功学大师戴尔·卡耐基发扬光大，进而成为“卡耐基人际沟通学”的一个重要理论基础。

在卡耐基的《人际交往的艺术》主题演讲中，他曾讲过这样一个故事：

20世纪40年代，美国警察总监马罗尼发现了一个奇特的现象：那些年轻的犯人在被捕后的第一个要求并不是见律师，而是阅读那些把他们写成“英雄”的街头小报。当看到自己的照片和爱因斯坦、托斯加尼或者罗斯福等名人占据了同样的篇幅时，他们甚至会忘记自己马上要被处决的事实。

每个人都渴望被认同和尊重。这是所有人的共同需求，这种需求就是“自重感”。人们总是极度重视他人对自己的看法，因此，在卡耐基的理论中，“满足他人的自重感”是一种重要手段。让他人自重感得到极大满足后，他人自然也会反过来认同我们。

自重感的呈现方式因人而异，但是依然有一些规律可循，最重要的一点是获取他人的认同，而最重要的一种认同方式就是主动赞美他人。

胶卷的发明者、柯达公司的创始人乔治·伊斯曼有一个亲密好友，叫艾达逊。他们结为挚友是源自一桩生意。当时，伊斯曼正打算建造一座剧场用以纪念他的母亲，而艾达逊则希望能承办该剧场里的座椅项目。于是，艾达逊便通过剧场建筑师的介绍去拜访伊斯曼。

那时候，伊斯曼并不认识艾达逊，建筑师告诫他，伊斯曼非常忙，如果艾达逊在五分钟内还没能把事情说清楚，那就别想做成这笔生意了。因为伊斯曼脾气非常大，绝大多数业务员都被要求迅速说明来意，然后马上离开他的办公室。

艾达逊得知这一点后，确实也打算这么做。但是，当他走进伊斯曼的办公室的时候，突然鬼使神差地冒出了一句：“伊斯曼先生，我很羡慕您有这样美轮美奂的办公室。如果我也有一间像您这样的办公室，那么，工作时一定很愉快。老实说，我从事室内家具制作多年，却从没有见过这样漂亮的办公室。”

艾达逊的这个开场白让伊斯曼有些出乎意料，他从文件堆里抬起头说：“谢谢提醒，我都差不多忽略了这一点。当初，这间办公室布置好后，我确实非常喜欢，只是现在太忙了，很少注意到它了。”

艾达逊接着又摸了摸办公室的壁板，说：“这是英国橡木吗？它和意大利橡木的品质稍有不同。”

“是的，这是进口的英国橡木，是一位专门研究橡木的朋友专门替我挑选的。”伊斯曼对这个话题似乎很感兴趣，站起身来陪着艾达逊参观了办公室的室内陈设，甚至还饶有兴致地讲述起他幼年时的贫苦生活。

艾达逊上午10:15分进入伊斯曼的办公室，然而，一两个小时过去了，他们仍然在热切地交谈，而且根本没提到承包座椅项目的事情。

而最后，艾达逊得到了这个价值九万美元的合同。而且，从那时候开始直到伊斯曼去世，他们一直保持着良好的友谊。

艾达逊通过他独特的方式，满足了伊斯曼的自重感。他先是称赞了伊斯曼的办公室，这是一种直接的赞美；然后又聊起了壁板，而这正是伊斯曼的得意之处；接下来，又聊到伊斯曼的发家史……在这些话题上，艾达逊虽然没有继续直接赞美，但是，通过多次提及伊斯曼感兴趣并且颇为自得的话题，间接地赞美了他，也让伊斯曼的自重感得到了很大的满足。当然，艾达逊因此得到的回报也是惊人的。

在人们的社交行为中，“满足他人的自重感”是一项重要原则，每个人的骨子里都渴望别人尊重自己的想法和意愿，当我们认同了这一渴望，便能获得别人的喜爱和认同，所得到的回报，也将远远大于“满足他人的自重感”的过程中所付出的一切。

相悦法则：我喜欢你因为你喜欢我

人们常说，狗是人类最好的朋友。但是，你是否想过，人为什么喜欢狗？

原因有很多，狗很忠诚，狗很听话，狗很乖巧，等等。但更多的原因是，狗什么都没做，只是单纯地喜欢我们，看到我们就会摇尾巴，发自内心地高兴，所以，我们也喜欢它们。

社会心理学中有一个“相悦法则”，说的是人们总是更喜欢那些喜欢自己的人。这些人不一定很漂亮、很聪明，或者很有地位，仅仅是因为他们很喜欢我们，所以我们也喜欢他们。

心理学家阿伦森做过这样一个实验：让一组志愿者“无意中”听到一个刚和他一起工作的人给了他很高的评价。同时，让另一组志愿者也“无意中”听到这个人给他的负面评价。接着，当他们再次一起工作时，志愿者的面部表情会因为他们听到的内容而有所变化。

听到同伴喜欢他们的那组志愿者，会比听到同伴不喜欢他们的那组在非语言表现上更积极。另外，最后的书面调查结果也证实：

被同伴给予正面评价的志愿者更喜欢那个喜欢他的同伴；而被同伴给予负面评价的志愿者，则普遍厌恶那个不喜欢他的同伴。

也就是说，我们想让对方喜欢自己，那我们得先让对方感受到我们喜欢他。

首先，当我们发自内心地喜欢对方时，我们的愉悦感会通过表情、动作等所有非语言行为表现出来，对方感受到我们的愉悦时，他自然也会感到愉悦。第二个重要原因是，我们的表现，让对方的“自重感”得到了很大的满足，因为我们喜欢他，就表明了我们对他的认同，而这种“自重感”的满足，能带来人际关系中最有效的正面反馈。

这个道理其实很简单，它没有任何技巧性可言，我们常说与人交往一定要用心，“相悦法则”便是这种说法的心理学依据：真诚地喜欢他人，他人自然会用友情来回馈我们。

戴尔·卡耐基在《人性的优点》中讲了这样一个故事：

美国魔术大师舍斯顿在四十年的表演生涯中，走遍了世界各地，表演了无数使人瞠目结舌的魔术，共有六千万人买过他的票，被誉为“魔术师中的魔术师”。

当有人问他成功的秘诀时，他坦言，自己的成功与学校教育没有多大关系，因为他小时候是个流浪儿，最早的识字课本是铁道沿线上的标识。而且，他的魔术知识也不是最丰富的。但他有着两个独特的优势。一是他能在舞台上充分展示自己的个性。他不仅是个魔术师，还是个表演大师，他的每一个细微动作、每一个语气都是经过仔细研究的——他摸透了观众的心理，他的一举一动不仅牵动着观众的视线，也牵动着他们的思想。

而他的第二个独特的优势，就是他真诚地热爱自己的观众。这个优势不需要通过勤学苦练来掌握，但舍斯顿认为这比技巧更重要。

许多魔术师看着观众迷惑不解的样子，都会在心里对自己说："坐在台下的这些蠢货，我要骗他们太容易了。"但舍斯顿完全不同，他每次上了舞台，都要在心里重复说几遍"我爱这些观众"。

对此，他解释道："我有理由喜欢和感激他们，因为他们来看我的表演，我才能过上我想过的生活。我必须把我的看家本领拿出来，尽力让他们感到快乐。"可以说，舍斯顿钻研魔术技巧不仅仅是为了赚钱，对他来说，观众的快乐才是他最大的快乐。

投桃报李是人际关系中最基础的法则。我们都喜欢那些喜欢我们的人，同样的，真诚地去喜欢别人，别人也必然会喜欢我们。不需要通过语言来表达什么，我们的真诚会通过各种方式流露出来，别人会明显地感觉到，然后不知不觉地喜欢上我们。

同样的道理，我们也讨厌那些讨厌我们的人，即使表面上表现得亲密无间，这种厌恶也会不自觉地流露出来。

阿伦森效应：
我们厌恶那些带给我挫败感的人

随着奖励减少而态度逐渐消极，随着奖励增加而态度逐渐积极的心理现象，在社会心理学中被称为“阿伦森效应”。通俗地说，就是从倍加褒奖到小的赞赏，乃至不再赞赏，这种递减会导致一定的挫折心理，而这种递增的挫折感很容易引起人的不悦及反感。

为了验证这个效应，心理学家阿伦森曾做过一个心理实验：

他邀请了四组志愿者，并让其中一人担任项目临时负责人，负责在每次实验的间隙向阿伦森汇报他对其他志愿者的印象和评价。整个汇报过程是在阿伦森的办公室里完成的，但是，其他志愿者却都能“恰好”听到汇报内容——他们不知道的是，这个临时负责人是个“伪装者”，即俗称的“托儿”。而汇报也是被提前安排好的，分为四种情景：

第一种：让“托儿”对A组志愿者每次都给予正面评价。

第二种：让“托儿”对B组志愿者每次都给予负面评价。

第三种：让“托儿”先对C组提出负面评价，然后逐渐转向正面评价。

第四种：让“托儿”先对D组提出正面评价，然后逐渐转向负面评价。

——当然，这个过程都确保被志愿者们“偷听”到了。

最后，阿伦森发起一个调查：这些志愿者们有多喜欢这个“临时负责人”。调查发现，A组的喜欢程度是6.42分，B组2.52分，C组7.67分，D组最低，为0.87分。

阿伦森实验论证了人际关系中的一个原则：人们最喜欢那些原先否定自己但后来越来越喜欢自己的人，同时最厌恶原先肯定自己但后来越来越否定自己的人。这算是对“相悦法则”的一个补充——人们不光喜欢那些喜欢自己的人，而且更喜欢那些越来越喜欢自己的人。

可见，在人际交往中，一成不变地讲好话并不像先讲坏话然后再慢慢地变成讲好话的情形来得更讨人喜欢。同时，我们对这样的人的喜欢程度也会比那些一直说好话的人来得多些。

人与人之间的交往，归根结底是一种自我需求的满足，我们十分看重他人对自己的评价，这种评价本身的变化所带来的成就感或挫折感尤其强烈。我们不喜欢挫折感，连带着不喜欢带给我们挫折感的人。相反，我们喜欢成就感，连带着带给我们成就感的人，也变得格外讨人喜欢了。

除了人际交往之外，“阿伦森效应”在其他各个领域也发挥着重要作用。英国知名管理咨询师梅伦·沃尔夫斯特常常引用这样一个案例：

在一家食品店里，有一位售货员特别受欢迎，顾客们宁愿排长队也要在他那儿购买食品。那么，他的诀窍在哪里呢？原来，别的售货员称糖时，总是先装得满满的，而后往外取出多余的部分，而这位售货员却总是先装得少一些，过秤时添上一些，同时不经意地说一句："再送您两颗，谢谢光临。"

对于顾客来说，虽然最后买到的还是足磅的糖果，但其他售货员带给他们的是从欢欣（好多糖）到失落（一颗颗被拿掉）的心理过程，而从这位售货员身上感受到的却是从失落到欢欣的过程。所以在潜意识里，他们自然就会更喜欢这个售货员。

"阿伦森效应"的本质，是人类自我意识中对负面情绪的本能厌恶。这种负面情绪，无论是阿伦森实验中的"挫折感"，还是售货员案例中的"失落感"，都是被人类本能排斥的。在从积极的评价或情绪向消极的评价或情绪跌落的过程中，由此带来的厌恶感会逐渐增强，反之亦然。

因此，无论是日常人际沟通，还是在商业谈判、营销领域，都有必要学会灵活使用阿伦森效应，通过把握他人情绪的节奏来博取他人的好感。实际上，这个过程是很多人不曾意识到的，但在很多时候，它却影响着沟通、交流或商务谈判的最终结果。

多看效应：
提高曝光度，提升好感度

在20世纪60年代，心理学家罗伯特·扎荣茨进行了一系列心理实验，其中的一个是这样的：

扎荣茨在一所中学选取了一个班的学生作为实验对象。他在黑板上不起眼的角落里写下了一些奇怪的符号、图案，包括英文单词、汉字、绘画、人像、几何图形和其他毫无意义的符号。这些符号、图案一直保留在黑板的角落上，班里的学生每天上课时都会瞥见它们，但没人知道它们的意义，老师也从不提起。久而久之，学生们都把这些符号当成了某种装饰。

但是，几乎没有人注意到，这些奇怪的符号与图案一直以一种有规律的方式改变着——某些符号只出现过一次，而一些却出现了二十五次之多。

到学期末，扎荣茨给学生做了一份问卷，问卷上列出了所有曾在黑板上出现过的奇怪符号，并要求学生对每个符号的“满意率”进行评估。

最后的统计结果是，一个单词在黑板上出现得越频繁，学生们对它的满意率就越高。

扎荣茨的这个实验，是为了证明“只要多次看到不熟悉的事物，人们对该事物的评价就要高于其他没有看到过的事物”——在心理学上，这种现象被称为“多看效应”，又称“曝光效应”。

通俗地说，“多看效应”揭示了我们对自己熟悉的事物的偏好。延伸到人际交往中，多看效应证明了我们一直以来隐隐认识到的一个交际法则：彼此接近、常常见面是建立良好人际关系的必要条件。

我们都有过这样的经历：曾经亲密无间的朋友，在转校或者搬家之后相隔两地，尽管依然通过电话和邮件保持着联系，但数年后再次重聚时，却发现彼此的感情已经生疏很多，甚至比不上身边那些只来往了几个月的朋友。

这并非是友谊禁不起时间的考验，而是亲密度禁不起距离的考验。接触越频繁就越亲密，越陌生就越冷漠，这就是“多看效应”带来的影响。

事实上，扎荣茨的“多看效应”系列实验中，的确有一个是涉及人际交往的：

在这个实验中，扎荣茨把十二张照片随机分为六组，然后，按不同的方式给被试者看。

第一组照片让被试者看一次，第二组看两次，第三组照片让被试者看五次，第四组看十次，第五组则让被试者看了二十五次，而第六组照片却一次都没让被试者看。

看完照片后，扎荣茨将六组十二张照片全部给被试者看，要求所有被试者按自己喜欢的程度将照片排序。最终结果是，被试者对这十二张照片的好感度，与他们看到的照片次数呈现明显的正相关关系。

从心理学上解释，“以最小代价换取最大报酬”的心理本能影响着人们之间的交往。随着交往频率的增加、交往距离的拉近，使得双方的了解程度逐渐加深；而了解程度越深，交往所带来的默契度就越高，沟通成本自然也就越低。换句话说，和熟悉的人交往比和陌生人交往更轻松，而这种轻松感正是我们交友的一个原始动机。

可见，想提升好感度，首先要留心提高他人对自己的熟悉度。一个自我封闭的人，或一个面对他人就逃避和退缩的人，即使人再好，被人喜欢的概率也不会高。正因为如此，我们常说，人际关系是需要维护的，并非两个人情投意合就一定能成为亲密伙伴，只有平时做足功夫，多接触、多交往，友谊之树才能长青。

当然，“多看效应”的一个重要前提，是“首因效应”发挥良好，若是不能给人留下不错的第一印象，那就会变成见面越多就越招人烦了。

任何事物都是辩证的，心理学证明了交往的次数和频率对好感度的影响，但在人际交往中同样有“豪猪定律”的说法。“多看带来好感”和“距离带来美感”两者相辅相成，只有保持合适的距离，才是最好的人际距离，就好比中国古人所说的“君子之交淡如水”。

改宗效应：
想讨人喜欢？那就反驳他吧

“改宗效应”出自美国社会心理学家哈罗德·西格尔的一个著名研究。

在研究报告中，西格尔称他招募了三组志愿者，都是某些主流理论的坚定支持者。同时又安排了三组“伪被试者”作为倾听者。接着，他要求三组志愿者向三组倾听者陈述他们各自信奉的理论，同时，按照他的要求：

A组志愿者在陈述过程中，倾听者必须全程表示认同。

B组志愿者在陈述过程中，倾听者必须全程反驳所有观点。

C组志愿者在陈述过程中，倾听者首先提出反驳，但是最终必须被志愿者说服。

最后，西格尔统计了三组志愿者对倾听者人格特征评价，结果显示，B组的评价最为负面，而平均正面评价最高的居然不是A组，而是C组。

这个实验充分证明了西格尔的理论：当一个观点对某人来说十

分重要的时候，如果他能用这个观点使得一个反对者改变其原有意见而和他的观点一致，那么，他更倾向于喜欢那个反对者，而不是一个自始至终的同意者。

换句话说，人们喜爱那些被自己说服的人更甚于那些一向附和自己观点的人。显然，人们通过和某人辩论，使某人改变观点，从而感觉到自己是有能力的。

瓦伦是一名汽车销售员，他曾多次拜访一家大公司的采购负责人，无论客户提出什么样的意见和需求，瓦伦都遵循“客户一定是对的”这一原则，从不反驳，而是拿出积极的解决方案，希望用诚意打动客户。几次接触下来，客户对瓦伦的印象非常好，但是，却一直没有明确地表态，久而久之，瓦伦决定改变自己的策略。

在又一次拜访中，客户照例提出了他们的需求：我们需要的是一批高档型号的车，但是价格不能高于中档车的标准。

听完这句话，瓦伦一反常态地反驳道：“我明白您的想法，很多客户都会提出这样的要求，但是如果这样，必然要牺牲汽车的舒适性，而且牺牲会非常大，因此，我建议您选择我们的一款中档车型。”

客户听了，神秘地摇摇头，说：“您很不错，也非常真诚，我就给您透个底儿。这一次我们要替公司的十位经理换车，当然，所换的车一定要比他们现在的车子高档一些，以鼓舞他们的士气。但公司要求绝不能比现在的贵，否则，短期内宁可不换车。”

瓦伦立刻做出一副“恍然大悟”的样子，连连赞叹客户的思路，感叹自己怎么没想到这一层。看到瓦伦被自己说服，客户也非常高兴，跟他聊的也多了起来，并透露了更多这次采购的信息。

有了这些信息，瓦伦回公司后立刻做了一套完善的销售方案，当他再一次拜访客户时，就顺理成章地签下了这笔大订单。

在这个案例中，我们可以看到，当客户觉得自己说服了瓦伦时，他获得了巨大的成就感，这种成就感远远超越了看到瓦伦唯唯诺诺地附和自己时的样子。也正是这种成就感带来的喜悦，真正拉进了他们之间的距离，使瓦伦能够得到别的销售员得不到的采购信息。

不难看出，“改宗效应”是对“自重感效应”和“阿伦森效应”的综合运用。

当瓦伦反驳时，客户产生了挫败感。于是，瓦伦假装自己被客户说服了。当客户认为自己把瓦伦说服了后，他的挫败感就会转化为成就感。这时，一种巨大的自重感油然而生，而这种自重感给客户带来的喜悦也就很快变成了他对瓦伦的好感。好感一产生，签下订单就成了水到渠成的事情。

出丑效应：
做别人眼中“不完美的人”

“出丑效应”，又称“犯错效应”，是指才能平庸者固然不会受人倾慕，而全然无缺点的人也未必讨人喜欢，而最讨人喜欢的人物往往是精明而带有小缺点的人。

美国心理学家艾略特·阿伦森曾做过这样一个试验，他把四段情节类似的访谈录像分别放给测试对象看：

第一段录像中的受访对象是个非常优秀的成功人士，整个受访过程中，他的态度非常自然，谈吐不俗，表现得非常自信。

第二段录像中受访对象也是个非常优秀的成功人士，不过，他在台上的表现略有些羞涩和紧张，竟把桌上的咖啡杯碰倒了。

第三段录像中接受主持人访谈的是个非常普通的人，同样，他表现得并不紧张，但也没有什么吸引人的发言，可以说是毫无亮点。

第四段录像中受访对象也是个很普通的人，在采访的过程中，他表现得非常紧张，而且和第二段录像中一样，他也把身边的咖啡杯弄倒了。

阿伦森播放四段录像后，让测试对象从中选出一位他们最喜欢的和最不喜欢的人。最终结果是，最不受欢迎的自然是第四段录像中的那位先生，而最受欢迎的居然是第二段录像中打翻了咖啡杯的那位成功人士——有95%的测试者选择了他。

从这个实验中我们可以看到，对于那些取得过突出成就的人来说，一些微小的失误不仅不会影响人们对他的好感，相反，还会让人们感觉到他很真诚、值得信任。而与之相反，如果一个人表现得完美无缺，根本看不到任何缺点，反而会让人产生距离感——因为人是不可能是没有任何缺点的，别人看不到缺点，只能说明这个人的缺点隐藏得太深了。

“出丑效应”不光适用于人际沟通，在广告营销领域也同样适用。尤其是现场推销中，很多业务员都会适当地透露自己产品的缺陷，从而获得客户的信任——在很多场合中，只讲优点不一定对推销有利，反倒是适当地把产品的缺点暴露给客户，一方面可以赢得客户的信任，另一方面也能淡化产品的劣势而强化优势。

适度地、有技巧地透露产品的某些缺陷，非但不会使顾客退却，反而有可能赢得他的深度信任。正如看待他人一样，客户看待产品时，同样相信世上没有完美的产品，与其让客户在心中疑虑，挖空心思寻找产品的问题，不如由销售人员坦白产品的缺陷。

芝加哥金牌房产经纪人K.拉尔斯在他的回忆录中就曾提到一个房产销售案例。当时，他在推销一块两百平方米左右的住宅用地。这地块靠近车站，交通非常方便。但是，这块地的缺点也很明显——从附近的一座钢材加工厂时常会传出铁锤敲打声和大型研磨机的噪音。

当拉尔斯向一位客户推销这块地皮时，他对客户说："实际上，这块土地比周围其他地块要便宜得多，这主要是由于附近工厂的噪音大。如果您对这一点不在意的话，其他如价格、交通等条件都符合您的要求，买下来还是合算的。"

而这位客户原先的房子恰好在另一个工业区附近，早已习惯了工业噪音，当他跟拉尔斯来到现场时，发现这里的噪音也并不是无法忍受。于是，他对拉尔斯说："您特意提出噪音问题，我原以为这里的噪音大得惊人呢。其实，这点噪音对我来讲不成问题。"

同时，他还告诉拉尔斯："我一直住在电动机全天轰鸣的地方，整天震得我家门窗作响，而这里一到下午五时就安静了，噪音就停止了，我觉得挺不错。其他不动产商人都是光讲好处，像这种缺点都设法隐瞒起来，您把缺点讲得一清二楚，我反而放心了。"

最后，拉尔斯拿下了这单交易。

在拉尔斯叙述的案例中，这块地皮的缺点是无法回避的，即使不讲出来，客户也迟早会知道。而拉尔斯提前暴露产品的缺陷，反而使客户增加了对他的信任，从而相信他说的产品的优点也是真的。

优秀的推销员应善于灵活运用"出丑效应"，在日常人际沟通中，这个效应同样是获取他人信任和喜爱的利器。

记住，所有人都喜欢十全十美，但是，没有任何人相信真的存在十全十美，与其让人在心里猜测自己可能存在的缺点，不如直接暴露它。

第八章

路西法效应：所谓“心术”，不过是人性的博弈

路西法效应：
好人真的好，坏人真的坏吗

社会心理学史上有一个绕不开的经典实验：斯坦福监狱实验。美国斯坦福大学的心理学家菲利普·津巴多希望通过这个实验来论证一个古老的问题：人性到底是善的，还是恶的。

1971年，菲利普·津巴多通过广告招募了二十四名男性大学生志愿者，并在斯坦福大学心理系的地下室建了一个模拟监狱。这二十四名志愿者被平分为两组，一组扮演狱警，一组扮演囚犯，而津巴多本人则扮演典狱长。

为了保证实验顺利进行，每个志愿者志愿签订了协议，同意在实验过程中放弃部分人权。

实验开始后，志愿者并没有很快进入角色，尤其是扮演囚犯的志愿者。受当时嬉皮文化的影响，囚犯丝毫没有顾及狱警的威严，而扮演狱警的志愿者也无法硬下心肠来惩罚囚犯。于是，第二天一早，监狱就发生了“暴动”。

在典狱长津巴多的介入之下，一些狱警开始学着镇压囚犯：逼迫囚犯裸睡在水泥地上，强迫囚犯做羞辱性的工作，并以不允许洗澡相威胁。在这方面，狱警学得很快，随着实验的推进，狱警们采用的惩戒措施日益加重，以至于研究人员不得不干预制止。

当实验进行到第三十六个小时的时候，一名囚犯因精神压力过大而出现了歇斯底里的症状，不得不退出实验。到第四十八小时的时候，囚犯们——这群原先心理正常的大学生志愿者已经被那些由原先同样心理正常的大学生志愿者扮演的狱警折磨得濒临崩溃。

这十二名狱警中最臭名昭著的，是一个名叫约翰·维尼的志愿者。他多次被观察到痛骂囚犯，甚至对囚犯们无故动粗。其他志愿者也同样渐渐开始享受折磨囚犯的过程——甚至，连津巴多本人也逐渐进入到典狱长的角色中，每当看到狱警惩罚犯人时，他都会兴奋地对女友说：“快来看，这个场景真是太棒了！”

这个实验进行到第六天的时候，场面已经完全失控了——那些扮演狱警的志愿者彻底沉迷于恣意妄为的权力中不能自拔。最后，在津巴多女友的强烈抗议下，津巴多才不得不终止了实验。对此，有部分狱警还表达了不满。

事实上，无论是津巴多、约翰·维尼还是其他志愿者，他们在现实生活中都是不折不扣的好人。可是，在“斯坦福监狱”，人性中的“路西法”（魔鬼撒旦的别名）被彻底释放了出来。

斯坦福监狱实验证明了一个道理：这世上没有绝对的善人，也没有绝对的恶人，善与恶同时潜伏在人性深处，在不同的环境中轮流出场。只不过，在社会秩序良好的环境下，“恶”的因子被深深地掩藏在人们心底，但只要有合适的土壤，比如说像“斯坦福监狱”这样的法外之地，攫取到权力的“路西法”便会毫不犹豫地苏醒，把一个“好人”转换成“坏人”。

这就是所谓的“路西法效应”。

这是一个惊人的发现。在这之前，我们的道德和社会教条永远纠结于区分善与恶，我们强调的是培养好人，防范坏人。可是，斯坦福监狱实验明确地告诉我们，没有什么好人和坏人，只有“表现得像好人的人”和“表现得像坏人的人”。

不要以为自己面对的是个“好人”就疏于防范——“好人”只是特定场合下的“好人”，或许，换一个环境，“好人”突然拥有了可以恣意施暴而不受惩罚的权力，他立刻就会化身为魔鬼。

英国有句谚语：“每个人的衣柜里都藏着一具骷髅。”

换句话说，即使是好人，心里也深藏着魔鬼，一旦我们对某人给予了绝对的信任，就等于把自己的命运交给了那个随时会苏醒的“路西法”。

米尔格伦实验：所谓“良知”，底线有多坚固

“米尔格伦实验”又称“权力服从研究”，是一个非常知名的社会心理学实验，1961年由耶鲁大学心理学家史坦利·米尔格伦于耶鲁大学旧校区的一间地下室里主持展开，主要是为了测试受测者在遭遇权威者下达违背良心的命令时，人性所能发挥的拒绝力量到底有多大。

米尔格伦招募了一批志愿者，并谎称这是一项关于“体罚对于学习行为的效用”的实验。

参与者被告知，他会被随机挑选扮演老师，并要面对在隔壁房间里的另一名扮演学生角色的志愿者——其实那是研究人员扮演的“伪被试者”。老师和学生相互间看不到对方，但可以通过声音沟通。

另外，研究人员还交给老师一具电击控制器，并告知他这具电击控制器能使隔壁的学生受到电击。

实验过程很简单，老师会拿到一份考卷，逐一朗读上面的问题和答案给学生听，朗读完毕后，开始考试，考卷上都是选择题，学

生要按下相应的按钮选择正确答案。如果学生答对了，老师继续考下一题；如果学生答错了，作为惩罚，老师必须用那具电机控制器电击学生——随着错误次数的递增，电压也会随之提升。

事实上，当老师按下电机控制器的时候，他会听到隔壁房间里的学生被电击后的惨叫声，电压越大，叫声越凄厉。当然，这都是“伪被试者”假装出来的声音，但是老师并不知道，以为是学生真的被电击得死去活来。

当电压达到一百三十五伏特时，隔壁传来凄惨的尖叫和抓挠墙壁的声音，很多志愿者都要求暂停实验来检查一下学生的状况，并且开始质疑实验目的。这时，实验人员便会通过怂恿和命令的方式来使实验继续下去，同时向志愿者保证，他们不需要承担任何责任。

在得到这个保证后，所有志愿者都同意继续试验，并且继续增大电压，直到达到三百伏特，隔壁的“伪被试者”突然不再发出任何声音，也不再答题，没有了任何动静。这时候，几乎每个志愿者都要求停止实验，但实验人员再次命令他们继续，同时再次保证，他们不需要承担任何责任。

在这种情况下，只有35%的志愿者坚决中止了实验，剩下的65%最终还是同意了继续试验，直到把电压增大到四百五十伏特，直至实验完成。

米尔格伦设计这个实验的初衷，是为了测试当年那些屠杀犹太人的纳粹分子，他们真的是天生杀人狂，还是单纯的上级命令执行者。

在进行实验之前，米尔格伦的同事曾预测实验结果，认为会有

10%，甚至只有1%的人会狠下心来把电压一直提升到四百五十伏特，但实验结果却出乎他们的意料。

米尔格伦在他的文章《服从的危险》中写道：“我在耶鲁大学设计了这个实验，是为了测试一个普通的市民因一位辅助实验的科学家所下达的命令，会愿意在另一个人身上施加多大的痛苦。这个实验显示了成年人对于当权者有多么大的服从意愿，会做出几乎是任何尺度的行为，而我们必须尽快对这种现象进行研究和解释。”

实验结果充分证明了：那些参与大屠杀的纳粹分子并不是天生残忍或者被希特勒洗脑成了恶魔，他们只是接到上级的命令，然后按下毒气室的开关或者扣动扳机而已。同样，他们的心中毫无负罪感，因为他们只是在执行命令。

在“米尔格伦实验”中，我们看到了人性中最阴暗的一面：在极端情况下，人类所谓的良知居然如此脆弱，甚至不需要通过威胁或者利益诱惑，只需要一道无可置疑的命令，就可以让许多人放弃对善恶的判断和对良知底线的坚守。

破解囚徒困境：
引入反复博弈，化被动为主动

“囚徒困境”是1950年美国兰德公司提出的理论，后来由顾问艾伯特·塔克以囚徒故事加以阐述，并命名为“囚徒困境”。

艾伯特·塔克的故事是这样的：两个人因合伙盗窃杀人被捕，警方将他们隔离囚禁，并给他们三个选择：

1.如果两个人都抵赖，各判刑一年。

2.如果两个人都坦白，各判八年。

3.如果两个人中一个坦白而另一个抵赖，坦白的会被释放，抵赖的判刑十年。

于是，每个囚徒都面临两种选择：坦白或抵赖。

很显然，最有利的选择是两个人都抵赖，各判一年。但由于两个人处于隔离状态，不知道同伙会选择什么策略，但是，从基本的人性出发，他们肯定会认为自己的同伙必然选择对自己最有利的策略：坦白。既然同伙被默认为坦白了，那么，自己抵赖就会被判十年，太亏了。于是，自己也就会选择坦白——最坏也就判八年，运气好的话还能被提前释放。

这样一来，为了防止最糟糕的情况出现（同伙坦白，自己抵赖），两个人只能放弃最优策略（同时抵赖），而选择了一个相对糟糕的策略（同时坦白）。

“囚徒困境”就是这样最大限度地衡量着人性。在这场博弈中，唯一可能达到的双方最优方案，就是双方同时放弃最优策略。

在这个困境博弈中，每个人都自私地寻求个人最大效益，但是，因为相信其他人也都会自私地寻求个人最大效益，反而因此两败俱伤。

那么，有没有什么办法能破解“囚徒困境”，让人在这种深陷弱势的环境中占据主导权呢?

英国广播公司BBC有个著名电视节目《金球》，节目开始有四名选手参加，然后淘汰到只剩下两名选手来角逐一笔巨额奖金。角逐环节是这样的：主持人给每个人两个球，其中一个写着“平分”，另一个写着“偷走”，两名选手需要从中选择一个球。

根据两个人的选择，会出现三种情况：

1.两个人都选择了“平分”，那就两个人平分全部大奖。

2.如果一个人选择“平分”而另一个人选择“偷走”，那么选择“偷走”的人拿走全部奖金，选择“平分”的人出局。

3.如果两个人都选择了“偷走”，那么两个人同时出局，一分钱都拿不到。

在做出各自的选择前，两个人可以互相商量，但是最后选择的时候必须单独选择。

这是一个典型的囚徒博弈游戏，相当于两个人被捕前串供，但审讯时仍然隔离囚禁——在这个规则下，常常出现这样的情况：其中的一人信誓旦旦地保证说自己一定会选择“平分”，同时让对方也选择“平分”，这样两个人可以平分奖金。但事实上，最后要么就是他选择了“偷走”，真的偷走了全部奖金，要么就是两个人都选了“偷走”，最后全部出局。

这个节目将囚徒困境玩到了极致，一度没有任何选手能够成功摆脱这种困境。后来，一个叫尼克·凯瑞甘的选手成功打破了这种困境。

那期节目，杀入最后角逐的是尼克·凯瑞甘和亚伯拉罕·海森。当时，海森和以往几期的选手一样，向凯瑞甘保证自己一定会选择“平分”，并恳请凯瑞甘也选择“平分”。但没想到的是，凯瑞甘却态度强硬地向海森表示，自己一定会选择“偷走”，但他同时表示，只要让他拿走全部奖金，他会在节目结束后再和海森平分这笔钱。

这种前所未有的情况让主持人和现场观众大跌眼镜，海森更是气得直骂凯瑞甘“无耻”，但凯瑞甘丝毫不肯让步。

这样一来，海森就只剩下两种选择了：选择“偷走”，两个人都拿不到钱；选择“平分”，凯瑞甘拿走全部奖金，但是有可能会在节目结束后跟自己平分。在这种情况下，海森只能选择“平分”，至少还有可能拿到一半奖金（如果凯瑞甘守信用的话）。

结果出人意料。海森选择了“平分”，而凯瑞甘并没有像他之前强硬宣称的那样选择“偷走”，他同样选择了“平分”。最后，两个人平分了奖金，终于打破了节目组设下的这个人性困局。

“囚徒困境”，其实是利用了人性中的极度自私，在单次博弈中逼得人不得不放弃最优解而去追求避免最坏情况发生的次优解。而它的破解之道也很简单，就是引入重复博弈，通俗地说，就是这次博弈结束后，博弈双方还将继续发生别的关系。

最典型的例子，就是黑社会集团的报复。回到“囚徒困境”最初的情景，试想，如果两个罪犯背后还有个制度森严的犯罪组织，并且两个罪犯都知道，如果自己供出了同伙将遭到严厉的报复（二次博弈），那么，即便是在“囚徒困境”之下，他也会义无反顾地选择抵赖。

同样的道理，在《金球》节目中，凯瑞甘向海森承诺节目结束后平分奖金，也等于是将一个单次博弈变成了重复博弈，从而使囚徒困境失去了作用。

智猪博弈：
多劳多得，少劳也不少得

“智猪博弈”是博弈论经济学中的一个重要概念，由美国著名数学家约翰·纳什在1950年提出。他假设有一个猪圈，一头是猪食槽，另一头则安装着控制猪食供应的按钮，踩一下按钮会有十份的猪食进槽。猪圈里有大小两头猪，大猪最多能吃九份猪食，小猪最多能吃四份。同时，任何一头猪跑去踩按钮，都要吃两份猪食才能弥补体能消耗。

现在，问题来了：谁去踩按钮？如果小猪去踩按钮，大猪就会先吃掉九份猪食，只给小猪留下一份；如果大猪去踩按钮，小猪就会先吃掉四份，给大猪留下六份。

那么，对于大猪来说，它有两个选择：先去踩按钮，然后吃六份，或者等小猪踩按钮，自己吃九份；小猪也有两个选择：等大猪踩按钮，自己吃四份，或者自己踩按钮，然后吃一份。

但是，由于踩按钮这个动作本身要消耗掉两份猪食的体能，所以，对小猪来说，后一个选择是绝不可能存在的——花两份猪食的体能却只能吃倒一份猪食，它会被饿死。因此，对小猪来说，只剩下一个选择：不去踩按钮。那么，对大猪来说，也只剩下了一个选择：先去踩按钮，让小猪先吃四份，自己吃剩下的六份。

看上去，这是一道双选题，其实是道单选题，大猪小猪的智斗，最后以小猪不参与竞争，大猪参与竞争，大猪小猪都吃饱喝足而告终。

“智猪博弈”给我们的启示是，作为竞争中的弱者（小猪）应该讲究竞争策略（选择等待），看准时机以逸待劳。因为企业竞争也是同样的道理：大企业是竞争中的强者（大猪），小企业是竞争中的弱者（小猪）。在残酷的企业竞争中，小企业要想生存，就得像“智猪博弈”中的小猪一样，学会等待。这种“小猪躺着大猪跑”的现象在经济学上有一个更加形象的名字，叫“搭便车”。

与此相关的“搭便车理论”是由美国经济学家曼柯·奥尔逊提出的，其基本含义是像小猪一样不付成本而坐享他人之利，典型例子便是所谓的“市场跟随者”，当某个大企业花了数额巨大的投资探索出某种商业模式后，很快就会有一些小的厂商模仿跟进，像小猪一样搭便车，既省去了前期研发投入，又享受了大公司开拓出来的成熟市场。商业史上，这种大猪栽树，小猪乘凉的案例数不胜数，如：IBM开发了个人计算机市场，却被苹果的图形化操作系统掠夺；网景炒熟了浏览器，却被微软的捆绑战略盖过。而苹果和微软，现在也成了大猪，他们开拓出来了智能手机和应用系统市场，同样被无数小猪跟随着。

但是先驱者又不能不栽树，就像故事中的大猪一样，踩按钮吃冷饭，不踩按钮就只能饿死了。而且像苹果、微软这种后来居上的毕竟只是少数，绝大多数时候，虽然挡不住小猪不劳而获，但大猪依然是多劳多得的。

在“智猪博弈”的影响下，大猪要防止被小猪多吃多占，尽可能地让自己多劳多得，唯一的办法就是占据先发优势，在小猪还没来得及做出反应之前，就迅速占据市场的垄断地位。

洛克菲勒集团垄断美国石油业的过程，便是对“智猪博弈”的一个有力抗击。

19世纪末，受经济危机的影响，美国铁路货车总装运量不断下降，这时，同样陷入石油业恶性竞争危机的洛克菲勒提出了一个方案，号召各大铁路公司与主要炼油商们联合起来，共同解决石油的流通问题。为此，洛克菲勒组建了南方改良公司。该公司的合作商可以享受每桶油二十四美分的优惠价格，而非成员的运费则要高出不少。

洛克菲勒先下手为强，联合了各大铁路公司，这样一来，他的对手们只有两个选择：要么成为美孚石油公司的附庸，要么最后在运费折扣制的压力下破产倒闭。结果，五年之后，洛克菲勒领导的美孚石油公司成功地垄断了全美95%的石油生产量。

我们常说“后发优势”，这便是“智猪博弈”的强烈体现。而同时我们也常常说“先发制人”，先发的目的就是让小猪搭便车的收益降至最小。而洛克菲勒选择主动做“大猪”，以雷霆手段迅速实现了市场垄断，正是将大猪的利益最大化的体现。

因此，即便有“智猪博弈”，即大猪多劳多得，而小猪少劳却未必会少得的现象的存在，但到底大猪和小猪之间的利益怎么分配，归根结底还是得看双方的实力博弈。

斗鸡博弈：
最坏的结果是两败俱伤

“斗鸡博弈”或者说“懦夫博弈”（Chicken在美国口语中有“懦夫”的意思）也是博弈论中一个经典的策略理论。

在斗鸡场上，两只好战的公鸡展开大战。这时，每只公鸡都有两个行动选择：一是退下来，二是进攻。如果一方退下来，而对方没有退下来，对方获得胜利，这只公鸡很丢面子；如果对方也退下来，双方则打了个平手；如果自己没退下来，而对方退下来，自己胜利，对方则失败；如果两只公鸡都前进，则两败俱伤。

因此，对每只公鸡来说，最好的结果是对方退下来而自己不退，最坏的结果是对方没有退下来而自己先退了，而中间值的结果，就是双方各退一步。显然，最坏的结果是很难接受的，而最好的结果是很难实现的（因为这是对方都很难接受的最坏结果）。那么，事实上，就只剩下两种策略可以选择：双方互不相让，两败俱伤，或者双方各退一步，海阔天空。

现实生活中，竞争双方都明白，两虎相争，必有一伤，但往往又过于自负，觉得自己的胜算大而不甘心后退，尤其是对于表面上占据优势的一方，往往不决出胜负不罢休。那么，最终的结果即便不是两败俱伤，也是“杀敌一千，自损八百”。这个时候，如果能有一方先撤退，最终，获利的将是双方，特别是占据优势的一方。如果具有这种以退为进的智慧，提供给对方回旋的余地，反而会给自己带来胜利，使两败俱伤变成双赢。

第二次世界大战结束后，日本石桥公司位于京桥的总部大楼废墟上出现了一大片违章建筑，它们都是当年“东京大轰炸”后无家可归的人们建造的。石桥公司准备重建计划时，律师提出，必须及早下令禁止修建房屋，并拆除违章建筑，否则后果不堪设想。

但这些违章建筑的主人都是在大轰炸中失去家园的无家可归者，如果强行拆除，必然会招致他们的坚决反对，甚至可能会引发骚乱。虽然石桥公司有信心在政府的支持下最终压制住骚乱，但依然没有选择这种硬碰硬的策略，而是派出高管来到现场和那些违建户谈话，对他们说：“你们的遭遇实在值得同情，那么，你们就暂时住在这里，先多赚点钱，等公司要改建大厦时，再搬到别的地方去吧。”

这些违建户本来已经做好了对抗工程队的准备，下定决心玉石俱焚，却没想到石桥公司如此体贴他们的难处，这使那些违建户十分感动。因此，数年后，当石桥大厦筹备完毕开工建设时，这些人不仅没有抱怨，还心怀感激地迁居到别的地方去了。

一场对抗就这样在无形中消弭了。

现实中，我们常会见到这样的事，双方争斗，各不相让，小事变为大事，大事转为祸事，最终导致问题不能解决，落得个两败俱伤的结局。其实，如果采取较为温和的处理方法，先退一步，待时机成熟，再采取适当的措施以达到自己的目的，那么结局就可能会好得多。

可见，退却有时是进攻的第一步，以退为进，由低到高，才是最稳妥的制胜之道。无论是做人还是做事，都需要有进有退，有所为有所不为。在很多时候，必要的退让可以换来更大的利益，而一味地咄咄逼人，却有可能陷入“斗鸡陷阱”，落得两败俱伤的结局。

枪手博弈：
决胜负不一定要靠实力

有三个快枪手，他们之间的仇恨到了不可调和的地步，于是相约决斗。

这三个人中，枪手甲枪法最好，十发八中；枪手乙枪法平平，十发六中；枪手丙枪法拙劣，十发四中。现在，问题来了：如果这三个人同时开枪，并且每人只准开一枪，那么，谁活下来的概率大一些？

不忙着下结论，我们可以先考虑一下这三个快枪手的最佳策略：

对于枪手甲来说，最佳策略当然是优先干掉枪法仅次于自己的枪手乙。

对于枪手乙来说，如果先对付枪手丙，那么，他必然先被枪手甲干掉了，所以，枪手乙的优先目标只能是对自己威胁最大的枪手甲——只有干掉枪手甲，他才能从容地对付枪手丙。

对于枪手丙来说，他的最优策略也是先干掉枪手甲，毕竟，枪手甲的威胁要比枪手乙大。

由此可见，在这个对决中，最先死的将是枪法最好的枪手甲，而枪法最差的枪手丙反而活下来的概率最大。

这就是著名的“枪手博弈”。在枪手甲、枪手乙、枪手丙都知道对手的枪法水平的情况下，一轮枪手对决的胜负率居然和枪法好坏不成正比——枪法最差的枪手丙活下来的概率最大。

从中不难看出，在一轮多方对决中，能否获胜不单纯取决于参与者的实力。枪手丙和枪手乙，实质上构成了一种联盟关系，只有联手把甲干掉，乙、丙二人才会有一线生机。

其中的道理很容易理解，就是要优先考虑对付最大的威胁，正是这个威胁为他们找到了共同利益，即联手打倒这个人，他们的生存概率才会增大。

与竞争对手合作，从而在多人博弈中以弱胜强，这是在商业竞争中被多次用到的策略。

一个非常明显的例子就是百事可乐和可口可乐这两家公司之间的博弈。在饮料消费市场上，它们是水火不相容的对手，双方之间的激烈竞争一刻也没有停止过，一旦某一方出现重大变故，另一方立刻趁火打劫蚕食对方的市场份额。但是很奇怪，尽管这么多年来两家公司都赚了个盆满钵满，但在这个市场上从来没有第三者异军突起。

这是因为，在整个饮料市场上，可口可乐和百事可乐两大巨头实际上一直在进行着一种类似于枪手乙和枪手丙之间的攻守同盟，从而形成了一种有合作的竞争关系。只要有企业想进入碳酸饮料市场，它们就会展开一场心照不宣的攻势，让挑战者知难而退，或者一败涂地。可以说，两大巨头相互之间冲突迭起，却从未拼到鱼死网破的境地。而两大巨头真正防备的对手，却始终是那个还未出现的枪手甲。

因此，在多方对决中，一决生死并非唯一的解决之道。并且，克敌制胜的因素也绝非仅限于实力。懂得合作，尤其是懂得在对比实力后找到潜在的合作盟友，有时才是真正的制胜之道。

第九章

互惠法则：如何让他人对自己言听计从

互惠法则：说服力不是说出来的，而是做出来的

康奈尔大学教授丹尼斯·雷根曾做过一个有趣的实验。

首先，雷根教授邀请了一些志愿者进行所谓的“艺术欣赏”，也就是给一些画评分。雷根的助手乔也混了进去，并且和每位志愿者都搭讪、套近乎。

在一部分志愿者评分的过程中，乔会暂时离开几分钟，然后带两瓶可乐回来。他把一瓶可乐递给其中的一位志愿者，另一瓶留给自己，同时对志愿者说：“我刚才问主持人能否买瓶可乐回来，他说可以，所以我也给你带了一瓶。”

而在另一部分志愿者评分的时候，乔则什么都没干。

等每位志愿者都给画打完分之后，主持实验的人暂时离开了房间。这时，乔就上前对志愿者们声称，他在销售一种新彩票，如果他卖掉的彩票最多，公司就会奖励他五十美元奖金。乔请志愿者们帮他一个忙，买几张彩票。

其实，这才是实验的真正目的：比较两种情况下实验对象从乔

那里购买的彩票数量。最后的实验结果表明，乔送了可乐的那组志愿者购买的彩票数量远远多于没有被赠送可乐的那一组。

由此，雷根教授提出了一个著名的“互惠法则”。他认为，小恩小惠会给人造成“负债感”，这种“负债感”会使人们更轻易地接受在平时可能会拒绝的要求。

更有趣的是，雷根教授在实验结束前，还让志愿者填写了一份表格，用来分析志愿者对乔的喜爱程度。事实证明，没有收到乔的可乐的那一组，他们购买彩票的意愿和对乔的喜爱程度是成正比的。但是，接受了可乐的那一组中，情况则相反。换句话说，不管喜不喜欢乔，这一组志愿者都表现出了强烈的购买彩票的意愿。

在我们一般的认知中，我们更愿意答应朋友以及喜爱的人的要求，但是，“互惠法则”否定了这个常识。

雷根教授的互惠实验表明，当人们由于接受他人的小恩小惠而产生“负债感”之后，就会产生强烈的“我必须也为他做点什么”的偿还心理，哪怕是对自己并不喜欢的人也是如此。

这种受到恩惠后必须想办法偿还的“互惠心理”，来源于人类社会形成早期的本能。考古学家理查德·利基就曾在研究中指出，人类之所以成为人类，正是因为这种互惠系统，让“我们的祖先在一个公平的偿还网络中分享他们的食物和技能”。

正是这种本能，让我们一旦受惠于人，就会有一种压力，让人迫不及待地想要卸下，这时，我们就会痛痛快快地给出比我们的所得要多得多的回报，以使自己能早点得到心理重压下的解脱。

正是因为互惠是一种本能，所以，它根本不受个人喜好的左右，这也是“互惠法则”最强大的地方：即使只是一个陌生人，或者是让对方很不喜欢的人，如果先施予对方小小的恩惠然后再提出自己的要求，也会大大减小对方拒绝这个要求的可能。

第一次世界大战中，协约国和同盟国这两大军事集团间陷入了漫长的堑壕战，双方都常派出侦察兵穿越交战区前往对方的堑壕进行侦察。

一次，德军侦察兵汉斯很熟练地潜入了英法联军的战壕中，一个落单的英国士兵正在吃东西，突然看到了全副武装的汉斯。此时，他毫无戒备，大脑中一片空白，只是本能地把一片面包递给了汉斯。汉斯也正好处于高度紧张中，面对英军士兵突然递过来的面包，他居然也本能地接了过去——然后，两个人才意识到，这是在生死存亡的战场上，而自己面对的是凶残的敌人。

英国士兵反应过来后抛下了面包，没来得及举起枪就被汉斯缴械了。没想到的是，汉斯却没有把他绑回阵地，而是转身走了——他放过了这个英国士兵，因为汉斯已经不知不觉地受到了“互惠法则”的左右。既然接了对方的面包，哪怕是敌人，也必须做出报答。

这就是互惠的力量——想要有求于人，就先给予对方恩惠。只要对方接受了，那么，接下来的说服就不用再花太大的力气了。

承诺一致性原理：让对方自己说服自己

心理学家托马斯·莫里亚蒂在赌马的赌徒身上发现了一个有趣的现象：一旦某个赌徒对自己选中的马下了赌注，他立刻就会对这匹马信心大增，并坚信这匹马一定是所有马中最好的。于是，莫里亚蒂认为，一旦人们做出某种决定，或者选择了某种立场，就会强迫自己采取某种行为，以证明他们之前的行为的正确性。

为此，莫里亚蒂专门设计了一个实验：他在海滩上随机找了二十名游客，然后，派一名研究人员伪装成小偷，逐个在所选游客面前偷走另一个正在睡觉的游客的钱包（当然，这个游客也是研究人员假扮的）。在整个实验过程中，这二十名游客中，只有四个人挺身而出，制止了偷窃行为。

随后，莫里亚蒂更改了实验流程，让假扮受害游客的研究员在入睡前简单地要求实验对象帮忙照看下钱包，在得到实验对象的承诺后，“小偷”这才登场。这一次，在二十个实验对象中，有十九个人挺身而出，喝止了“小偷”的盗窃行为。

据此，莫里亚蒂认为，当你决定（或承诺）了一件事情之后，你之后的行为就会不自觉地按照原先的承诺来进行——这就是“承诺一致性原理”。

承诺一致性现象的主要诱因并不是人类的心理本能，而是某种社会心理规范。在通常的价值观中，如果一个人不能坚持自己的观点，就会被人们认为是两面三刀、表里不一。因此，一旦我们做出了某种承诺，就会执着于之前的承诺——因为这是一种简单而机械的应对社会生活的捷径。

简单地说，就是哪怕我们明知自己错了，也绝不愿意承认。

在日常生活中，“承诺一致性原理”常被以说服人为职业的人利用。他们首先引诱我们采取某种行动或者对某事表态，然后，再利用我们要与过去保持一致的压力来迫使我们屈从于他们的要求。

在美国，《大英百科全书》的销售员就会经常用到这种心理法则。

不同于其他套书，《大英百科全书》是以直销的模式销售的，也就是说，通过销售员直接上门销售的方式售卖。但是，为了避免某些冲动型消费带来的不良影响，销售公司规定：客户在买下这套书之后，拥有十五天的“犹豫期”，在这个期限内，顾客可以申请无条件退货。

通常情况下，在“犹豫期”的退货率会高达70%——因为销售员离开后，那些冲动的客户往往会冷静下来，然后发现这套规模庞大的图书对自己来说并没有什么用处。然而，有一些销售员的退货率却只有25%。

是什么原因使他们能够说服客户不退货呢？原因在于，他们不光说服顾客购买，同时，还会让客户自己来说服自己。

这些销售员在顾客掏钱买书之前，会当面连续询问顾客三个问题：

“你确定你要买这本书吗？”

“你确定你的购买行为是基于理性的吗？”

“你确定你不会后悔吗？”

而且，他们会把这三个问题问两次，直到客户连续两次回答“确定”之后，他们才会完成交易。最后，所有做出过承诺的客户的退货率都非常低。

这些销售员用的方法就是基于“承诺一致性原理”。他们只是让顾客自己做出承诺，然后，顾客就会自己说服自己，给自己寻找一大堆需要《大英百科全书》的理由——因为顾客必须让自己的行为跟承诺保持一致。

没有人愿意向别人证明自己是错的，所以，当你做出承诺的时候，你会采取各种措施来兑现你的承诺。

例如，当你当着许多人的面承诺要戒烟的时候，你知道所有人都在看着你，你不愿意在别人面前陷入“言而无信”的境地，这个时候，你会爆发出强大的意志力，它会支撑你的戒烟行为。哪怕你的烟瘾发作起来十分痛苦，你也会努力控制自己不违背当初的承诺。相反，如果你只是私下里说要戒烟，那么，你的戒烟行动十有八九会失败——因为你没有对他人做出承诺，所以你也不需要去坚守什么。

可见，最好的说服技巧并不是说服的过程本身，能够想办法引诱对方做出承诺，让对方自己说服自己，这才是真正的说服术。

登门槛效应：
步步为营，走进对方内心

“登门槛效应”是指一个人一旦接受了他人的一个微不足道的要求，为了避免认知上的不协调，或是想给他人留下前后一致的印象，就有可能接受对方更高的要求。这种现象，犹如登门坎时要一级台阶一级台阶地登，这样能更容易、更顺利地登上高处。

这个效应是美国社会心理学家弗里德曼与弗雷瑟在1966年做的“无压力的屈从——登门槛技术”的现场实验中提出的。

实验过程是这样的：

首先，研究人员会随机登门拜访一组家庭主妇，请求她们帮一个小忙：在一个呼吁安全驾驶的请愿书上签名。这是社会公益事件，而且需要做的只是签个字而已，于是，除了少数人以“我很忙”为借口拒绝了这个要求之外，绝大部分家庭主妇都很乐意在请愿书上签上自己的名字。

两周后，弗里德曼又派出另一名研究人员，再次挨家挨户地去访问那些家庭主妇。不过，这次的拜访对象，除了上次被要求签名的那些家庭主妇之外，又另外随机选取了一组与上一阶段试验毫不相关的人。

这一次，研究人员提出的要求是，请求那些家庭主妇把一块呼吁安全驾驶的大招牌竖立在她们各自院子的草坪上。这个招牌又大又丑，与周围环境极不协调。按照一般的经验，这个有点过分的要求很可能被这些家庭主妇拒绝。

果然，在第二组（未参与第一阶段实验的）家庭主妇中，高达83%的人拒绝了这个要求。但是，在第一组家庭主妇（参与第一阶段实验并在当时的请愿书上签了字）中，只有45%的人拒绝了，远远低于第一组。

对此，心理学家的解释是，人们都希望给别人留下前后一致的好印象，为了保证这种印象的一致性，人们有时会做一些理论上难以解释的行为。例如，在弗里德曼的实验中，答应了第一个请求（在请愿书上签名）的家庭主妇为了保持自己“关心交通安全”的形象，才会进一步同意在自家院子里竖一块粗笨难看的招牌。

“登门槛效应”可以说是对承诺一致性原理的进一步运用，但是做出了更进一步的推论：一个人接受了他人的一个小要求之后，如果他人在此基础上提出一个更高一点的要求，那么，在承诺一致性原理的影响下，他就会倾向于接受更高的要求。

在现实生活中，登门槛效应的运用十分广泛。因为当我们对别人提出一个微不足道的要求时，对方往往很难拒绝，否则会显得不近人情。而一旦接受了这个要求，就仿佛跨进了一道门槛，向他们提出一个更高的要求时，这个要求就和前一个要求构成了顺承关系，让这些人容易顺理成章地进一步接受。

一个比较典型的例子是，在许多服装店售货员的推销话术中，都要求售货员在顾客登门的第一时间内不是介绍衣服，而是邀请顾客试穿一下衣服。很多顾客会想，自己并不一定要买，既然售货员主动邀请自己试穿，那么，试一下无所谓。

可是，一旦顾客这样想了，那他可就落入了登门槛效应的“圈套”了。因为从顾客答应售货员的第一个要求开始，顾客就需要花费更大的力气才能拒绝下一个要求了。而随着推销活动的推进，顾客可能最后就会买下这件自己本来并不打算购买的衣服。

不仅仅是推销员，我们在日常生活中也常常会在有意无意中大量应用“登门槛效应”。例如，男孩在追求自己心仪的女孩时，不是“一步到位”地提出要与对方共度一生，而是先提出一起看电影、吃饭、游玩等小要求，然后一步步地达到结成亲密伴侣的目的。

“登门槛效应”给我们最大的启示是，在人际交往中，当我们要提出一个比较高的要求时，最好的方法是先提出一个小要求。另外，我们自己在做事情的时候，也可以把一个大的、较难实现的目标分解成一些小的、容易实现的阶段性目标，通过这些小目标的逐步达成，最终实现大的目标。这其实也是“登门槛效应”的一种应用。

门面效应：
用不可能完成的任务给对手下套

人类的心理充满了玄妙，有时候两种截然不同的方法，居然能够用来实现同一个目标。

“登门槛效应”是通过小要求最终让对方答应更高的要求，而社会心理学中还有一个“门面效应”，则与之正好相反。它是指先提出很高的要求，接着提出较小的要求；对方拒绝你更高的要求的同时，面对你再次提出的那个小的要求，就会更倾向于接受。

就像我们原先打算在一座闷热的房屋里开个天窗，必然会招来一部分人的反对。但是，如果我们先要求掀掉屋顶，等反对者张皇失措的时候，再提出保留屋顶只开个天窗，那么，提议被接受的概率就大大增加了——“门面效应”于是又被称为“拆屋效应”。

“门面效应”其实是两种心理学现象的综合利用，首先是一种补偿心理。对于任何人来说，拒绝所带来的心理压力都是远远高于赞同的，所以，拒绝别人并不是一件很容易的事情，也会让人们产生负疚的心理。这时候，人们通常希望再做一件小的、容易的事来平衡内疚心理，这就是所谓的“补偿心理”，即通过同意第二个较小的要求，来弥补拒绝第一个大要求时的负罪感。

而“拆屋效应”能够起作用的另一个重要原因，则可以联系到“沉锚效应”。

以“拆屋”这个故事为例，当我们首先提出“掀屋顶”的时候，等于在对方潜意识里种下了一个锚点，那就是掀屋顶是绝不能忍受的底线。那么，当第二次提出只开一个天窗的时候，等于就是高于这个底线了，也就有了商量的余地。但是，其实自始至终所谓的底线也不过是实现一个高一点的锚点而已。因为这个锚点提高了对方的底线和忍耐度，所以，对方也就更容易接受一个平常不会接受的要求。

亚利桑那州立大学心理学名誉教授罗伯特·西奥迪尼曾做过这样一个实验：他首先假扮成青年咨询计划部门的工作人员，在大学校园里宣称自己发起了一项活动——招募大学生志愿者陪一群年龄各异的少年犯去参观动物园，而且也没有任何报酬。然后，西奥迪尼逐一询问大学生们是否有兴趣参加这个活动。这种毫无吸引力的活动自然响应者寥寥，83%的被询问对象都拒绝了这个要求。

接着，西奥迪尼又去了另一所大学，但这次他更改了策略，号称自己发起的活动是招募心理咨询志愿者——在至少两年的时间里，志愿者需要每周花两个小时的时间为少年犯们提供咨询服务。当然，所有人都拒绝参加这种活动。

然后，西奥迪尼又提出一项活动：陪少年犯逛一天动物园。这一次，由于参观动物园的要求是以让步的形式提出来的，于是成功率明显地提高了——有46%的大学生同意参加这个活动。

西奥迪尼的这一实验，便是对“门面效应”的完美诠释。由于为少年犯提供心理辅导本身是一个非常有价值的社会公益项目，对于大学生来说，拒绝参加便意味着拒绝自己的社会责任，因此，尽管从理性上他们不愿意参加这种活动，但心理上的负疚感和不安却无法避免。

与此同时，这个要求还在大学生的心里种下了一个锚点，让他们觉得：“只要不用在那些少年犯身上花两年的时间，其他的事情都不是那么难以接受的。”于是，在这两种心理的驱使下，让他们同意陪少年犯逛动物园也就不再是什么难事了。

“门面效应”在生活中的应用非常广泛，但它也是一把双刃剑。对其善加利用可以使沟通、交流事半功倍；但使用不当就会变成道德绑架，那时候即使对方出于“补偿心理”同意了不合理的要求，心理上的反感也是无法避免的。

禁果效应：
越“禁”越“诱惑”

苏联心理学家普拉图诺夫写过一本《趣味心理学》，在书的前言中，他特意提示读者请勿先阅读第八章第五节。然而，有趣的是，事实上，绝大多数读者采取了与作者的告诫相反的行动——先翻阅了第八章第五节。普拉图诺夫会在书中开这个小小的玩笑，正是为了阐释心理学上的一个有趣的现象——“禁果效应”。

越是禁果就越是甜美，就如同越希望掩盖某个信息不让别人知道，人们就越是想通过各种渠道了解它；越是禁止某件事情，就越是有人不计一切后果地去突破禁令——这种由于单方面的禁止和掩饰而造成的事与愿违的现象，在心理学上就叫作“禁果效应”。

在莎士比亚的戏剧《罗密欧与朱丽叶》中，来自蒙太古家族的罗密欧与来自凯普莱特家族的朱丽叶一见钟情，但是，由于这两大家族是世仇，所以他们的爱情受到了家族高层的坚决反对，这两个年轻人没有办法在一起，最后双双殉情。

这是一个非常动人的故事，但是，心理学家却从中看出了一个问题：两个才认识的年轻人，为什么会陷入如此激烈的爱情中，使得他们不惜用死亡来反抗家族的干涉？

答案出乎意料：正是这两大家族的干涉，激起了两个年轻人的“禁果心理”，使得罗密欧与朱丽叶的爱情更加坚固。这个故事可以说是“禁果效应”的完美注解，所以，“禁果效应”又被称为“罗密欧与朱丽叶效应”。

“禁果效应”的心理学基础是两种心理：一个是逆反心理，另一个是好奇心——人们倾向于对自己不了解的事物产生好奇，而逆反心理则基于人们挣脱束缚、追求自由的基因。这两种心理都是人类与生俱来的本能。因此，面对被禁的事物，人们首先会产生好奇：这种事物为什么被禁？它是否真的会对我们产生危害？如果这种好奇得不到满足，人们就会倾向于叛逆，也就是亲自尝一尝“禁果”的滋味。

除此之外，“禁果效应”还会带来另一个副作用：禁止行为本身也会使很多原先对此并不感兴趣的人产生逆反心理和好奇心，纷纷尝试去品尝“禁果”。这种例子在生活中比比皆是，例如，欧洲历史上很长一段时间内把王尔德、劳伦斯、萨特等人的作品列为禁书，结果非但没有使这些人的作品销声匿迹，反而使他们名声大噪。连许多原本并不了解这些作者的人，也开始偷偷摸摸地传播这类手抄本，而且，当局禁止手段越严厉，这些书在民间越受追捧。

可见，很多时候，禁止是起不到任何作用的，反而会事与愿违。既然如此，与其堵塞不如疏导，对于那些无法禁止的和没有太大必要禁止的事情，取消禁令说不定能带来意外的成效。

比如，在美国宪政史上写下浓墨重彩一笔的“得克萨斯州诉约翰逊案”就非常能说明这一观点。

1984年8月，为了抗议共和党偏袒大企业的政策，格雷高利·李·约翰逊在得克萨斯州达拉斯的政府大楼门口当众焚烧了美国国旗。

当时有不少旁观者在场，但面对狂热亢奋的示威者，他们敢怒不敢言。等到示威者散去后，一位叫丹尼尔·沃克的旁观者才小心翼翼地收拾起被焚国旗的残片，伤心地把它埋葬在自家后院。随后，警察逮捕了约翰逊，并以“亵渎神圣”的名义判处约翰逊有期徒刑一年，并处以两千美元罚款。

约翰逊不服，便将案子上诉到得克萨斯州的刑事上诉法院。出乎达拉斯地方检察官的意料，上诉法院不仅推翻了定罪，而且以约翰逊的行为是一种表达自己观点的“象征性言论”为理由，认定他的行为受到《宪法》第1项修正案“言论自由条款”的保护。也就是说，非但约翰逊焚烧国旗的行为是无罪的，而且，得克萨斯州禁止损坏国旗的州法律也是违宪的！不过，由于得克萨斯州刑事上诉法院无权宣布得克萨斯州州法违宪，于是，案件又被推给了联邦最高法院。

五年后，联邦最高法院开庭审理，当时的大法官肯特投下关键性的一票，最终判决：约翰逊无罪。

这个判决在当时引起了轩然大波，很多人猜测，这下子美国国旗一定会遭殃了——既然烧国旗无罪，那么，不知道有多少人想尝试一把烧国旗的快感。可是，出乎所有人意料的是，此案判决后，美国国内焚烧国旗的事件几乎绝迹了——如果烧国旗是合法的，那么，烧它还有什么意思?

我们很多行为的原始动机都只是一种“禁果效应”，越是打压，越是会激起逆反心理。相反，若是停止了打压，采取认可、宽容的态度，人们做这件事的渴望和执着就不会那么强烈了。

由此可见，很多时候，与其一味打压，不如让事物自然发展。

超限效应：越说服，越反感

在电视剧《办公室特工》中，有这样一个场景：

神经兮兮的经理班尼·亚当斯走进办公室，还没等大家抬头他就开始唠叨：

“你们看看，怎么把废纸篓放在这里？难道你们不觉得难看吗？”

“小乔，我昨天就叫你把头发剪短，怎么到现在还是这一副蓬头散发的样子！”

“比尔，你看你的办公桌，简直搞得像个垃圾堆！”

班尼一边说着，一边走进了自己的小办公室里，在场所有人都不约而同地长出了一口气，正打算继续干活儿，班尼又伸出头来嚷了一句：“喂，你们听好，明天可别再让我看到这样子了！”

这时候，班尼的助理格蕾已经在小办公室里等他了，还没来得及开口，班尼又指着格蕾衣领上的一点油渍开始批评：“格蕾，请告诉我，我都说了多少遍了，必须注意个人形象……”格蕾一边听着班尼的唠叨，一边看着地板，心不在焉地回应着。

很明显，班尼的批评已经毫无效果了——事实上，连新来的实习生都学会了把班尼的话当作耳边风。

之所以会如此，是因为班尼的唠叨已经触发了大家心中的“超限效应”。

“超限效应”是指刺激过多、过强或作用时间过久，从而引起心理免疫甚至心理逆反的现象。正如手上的老茧总是越磨越厚，因为只有足够厚的老茧才能在高强度的摩擦下保护老茧下的皮肤。其实，不光是老茧，人的心理承受能力也会被“磨厚”，因为和我们的身体一样，心理也会努力让我们免受各种伤害，从而最好地保护自己。因此，当受到强烈的、连续性的刺激时，我们的心理就会主动无视这些刺激，从而让人免于心理崩溃。

事实上，自尊感和羞耻感这对“孪生兄弟”是我们与生俱来的心理反应，心理学家研究了出生六个月的婴儿之后，发现这些婴儿虽然对世界的认知还很模糊，连话都不会说，但他们却能识别周围人的“好脸”与“坏脸”。当人们开心地逗他们，他会以咯咯笑来回报；而当人们横眉竖眼，大声呵斥的时候，他往往马上就大哭起来。

但是，对于每一个人来说，羞耻感都是一种令人不快的负面情绪。而趋利避害的本能心理决定了我们的内心会尽力避免产生不快的感觉。正如在面对各种病菌的时候，我们的身体会产生免疫能力；在面对负面信息的时候，在人性的驱动下，我们的心理也会对这些信息逐渐产生免疫力。也就是说，“超限效应”本身是一种保护机制。

了解了这种机制之后，我们就会明白，有些时候，说得越多效果就越差，尤其是在说服某人不要做某事的时候。当你第一次说时，能够通过让对方产生羞耻感而收敛其行为。但是，一旦说的次数多了，令对方的心理产生了免疫，说服效果立刻就打折扣了。

除了心理免疫之外，逆反心理也是触发超限效应的重要原因。

马克·吐温讲过一个故事，说他有一次听牧师演讲时，最初感觉牧师讲得好，打算捐款。十分钟后，牧师还没讲完，他不耐烦了，决定只捐些零钱。又过了十分钟，牧师还没有讲完，他决定不捐了。在牧师终于结束演讲开始募捐时，过于气愤的马克·吐温不仅分文未捐，还从盘子里拿走了两美元。

牧师的滔滔不绝让马克·吐温“听烦了”，非但不愿意捐款，甚至连别人捐的钱都拿走了——这就是一种逆反心理引发的“超限效应”。

在人际沟通过程中，这种逆反心理是比心理免疫更糟糕的状态——因为后者只是让我们“说了等于没说”，而前者却是让我们“说了还不如不说”。

我们在生活中总会听到愤怒的妻子抱怨自己的丈夫：他简直无药可救，说了一百次他都听不进去。但事实上，这些妻子很可能倒置了因果——正是因为她们说了一百次了，所以丈夫才听不进去，非但听不进去，而且反而要对着干。这就是“超限效应”在生活中的体现。

可见，一个人的语言魅力不在于他说了多少，而在于是否说到位。说起话来滔滔不绝、唠叨不停的人，常常不考虑听者的感受，不考虑自己所说的话是不是别人要听的，也经常不给他人说话的机会，所以有时候也容易招人烦。

因此，请记住，任何沟通，特别是旨在使别人态度改变的说服和引导，都必须避免无意义的重复，否则，效果很可能会适得其反。

第十章

凡勃伦效应：避开投资、消费中的种种陷阱

凡勃伦效应：
揭穿价格的定位陷阱

经济学上有一个众所周知的概念：薄利多销。但是，随着对消费心理学的深入研究，这个颠扑不破的真理受到了挑战，美国经济学家托斯丹·邦德·凡勃伦在他的著作《有闲阶级论》中就提出了一个反其道而行之的理论：商品价格越高，消费者反而越愿意购买。这一理论被称为“凡勃伦效应”。

从“薄利多销”到“凡勃伦效应”，这其中的一个重要背景，是20世纪的消费主义崛起。消费者的消费行为不再只是为了获取直接的物质满足和享受，而在更大程度上是为了获得心理上的满足。

某些商品具有炫耀的效果，如购买高级轿车显示地位的高贵，收集名画显示雅致的爱好，等等。这类商品的价格定得越高，需求者反而越愿意购买，因为只有商品的高价，才能显示出购买者的富有和地位。所以，这种消费状态随着社会发展有增长的趋势。

而另一个背景是消费者对价格和品质两者关系的心理认知。面对琳琅满目的消费产品，消费者没有足够的精力和时间去鉴别同类产品的好坏，这时候，价格就成了一个重要的参考因素。

通常的定价逻辑是，“因为好，所以贵”。但是，到了消费者这一边，人们普遍的心理就变成了：“因为价格贵，所以肯定好。”在逻辑学上，这是不成立的，因为真命题的逆命题不一定为真，但是在心理学上，这种说法也确实是有说服力的。尤其是在自由竞争市场下，价格既表现了产品的价值，同时也为产品的品质做了背书。

有这样一个故事：在柬埔寨吴哥窟景区有一家玉器店，有一天，店老板让营业员把两只相同的玉镯标上不同的价格出售，其中一只标价一百美元，一只标价八百美元。年轻的营业员觉得奇怪，就问老板：“同样的东西，为什么一个比另一个贵七百美元？标价八百美元的那一只能卖出去吗？”

老板笑而不答。不一会儿，一群外国游客走了进来，开始挑选自己喜欢的商品。一位女士拿起那两只手镯，很仔细地比较了一会儿，然后买下了那只标价八百美元的玉镯。这时，她的同伴说：“这只看起来和那只一百美元的没啥区别……”买玉镯的那位女士立刻打断了她的质疑：“有区别，这两只镯子的质地不一样。”

顾客走后，营业员问老板：“她为何要买八百美元的那只？两只玉镯真的质地不一样吗？”老板听了耸耸肩：“质地完全一样，唯一不同的只有价格。”

外国游客普遍对亚洲玉器了解程度不深，这时候，价格就成了他们分辨好坏的一个重要指标——虽然这是个错误的指标，但依然有很多人会陷入这个陷阱中不能自拔。

在很多场合，价格越贵，人们越疯狂购买；价格越便宜，反而越销售不出去。所以，许多经营者瞄准了这种消费心态，不遗余力地提高价格，以使自己从中牟利。与此同时，消费者面对着琳琅满目的商品时，也无法逐一进行专业的鉴别，只能盲目地相信“便宜没好货”“一分钱一分货”。

事实上，在绝大多数情况下，这种长年累月形成的消费常识也确实是没有问题的，但是有个基本前提，那就是“完全不包含任何品牌附加价值的、完全自由竞争市场”。比如，在买镯子那个故事中，景区玉器店的交易行为往往都是一次性的，同时也存在行业垄断行为，并不是一个完全自由竞争市场，而对于很多奢侈品来说，它们的价格都是在品牌价值和由此产生的公关营销成本上，“一分钱一分货”的说法自然也就不存在了。

因此，作为消费者，我们应该关注的是产品本身的质量。对于普通商品，如果我们能够分辨好坏，那么，就可以大致相信自己的判断。但是，如果是较为昂贵的高档产品，那就需要专业人士陪同购买，把关注点放在产品品质上，坚信品质主导价格，而不是价格彰显品质，这样才能有效避免落入“凡勃伦效应”的陷阱。

吉芬之谜：
透过价格迷雾看清供需本质

根据普遍的供需原理，商品的需求量和价格成反比，也就是说，价格上调，买家变少，价格下调，买家增多——这也是很多经济调控手段的主要理论依据。但是1845年，爱尔兰爆发了大灾荒，导致土豆的价格在饥荒中急剧上涨，然而，爱尔兰农民对土豆的消费需求量非但没有下降，反而跟着持续上升了！

英国经济学家吉芬观察到了这种与需求原理不一致的现象，于是，这种现象也就被经济学界称为“吉芬之谜”，而具有这种特点的商品被称为“吉芬商品”。

其实，“吉芬之谜”的背后，是一种极为朴素的消费行为学原理——追涨杀跌。

爱尔兰的土豆“吉芬现象”出现的原因就在于此，在饥荒这样的特殊时期，面包、肉类、土豆的价格都上涨了，但人们的收入大大减少，更买不起面包、肉类，于是，相对便宜的土豆便成为人们的首选。如此一来，对土豆的需求反而增加，使得土豆的价格增长比其他食品的价格增长更快。反过来，土豆的价格进一步上涨，又逼得民众不得不尽早购入更多土豆，从而产生恶性循环。

"吉芬之谜"在许多商品上都存在，比如楼市和股市。

20世纪80年代后，日本、东南亚和美国东北部制造业城市都经历了房地产崩盘的惨剧。在房价暴跌的过程中，出现了"房价越跌越没人买房"的现象，反倒是崩盘之前的房地产热潮中，房价飙升，买房的人却络绎不绝。

再比如说，在股票市场上，某一种股票价格上涨的时候，人们都会疯狂地抢购这种股票。而当一种股票的价格下跌的时候，购买这种股票的人反而很少，而拥有股票的人也希望尽快抛出去。

无论是爱尔兰的土豆，还是房地产、股票，都有一个鲜明的属性，那就是"可替代性极低的必需品"，而这种商品也被称为"吉芬物品"，本身非但不受供需原理限制，还能反其道而行之。

在饥荒中的爱尔兰，土豆越贵，人们越是疯狂购买，这是人们在贫困中为了维持生存的一种不得已的选择。而在楼市和房市，追涨杀跌也是一种必要的投资理念。但是，对于一些"非吉芬物品"，有时也会出现越涨价越买，一降价就没人买的情况，这可能就是一种消费陷阱了。

在美国人罗伯特·西奥迪尼写的《影响力》一书中，有这样一个故事：

西奥迪尼的朋友开了一家出售印度珠宝的商店。当时，正值旅游旺季，商店里顾客盈门。那些绿松石珠饰品明明物超所值，却怎么也卖不出去。为了把饰品卖掉，她想了各种法子。比如，把它们移到中间的展示区，以引起人们的注意，却收效甚微。她甚至告诉营业员，要大力推销这些宝石，但始终没有效果。

最后，在出城采购的前一天晚上，她气急败坏地给营业员写了张字迹潦草的纸条："这个盒子里的每件商品，售价均乘以1/2。"希望借此将这批讨厌的珠宝卖掉，哪怕亏本也行。

几天后，当她回到商店时，不出她所料，这批宝石果然全都被卖掉了。然而，当她得知由于营业员没有看清她潦草的字迹，错将纸条上的"1/2"看成了"2"，而以两倍的价格将全部珠宝卖掉了之后，她惊呆了。

绿松石并不属于"吉芬物品"，按理说，应该完全符合供需原理，可为什么绿松石饰品突然涨价，销量却增加了？

罗伯特·西奥迪尼将其称为"固定行为模式"。所谓"固定行为模式"类似于"条件反射"，是指动物经过长期训练后对某种信号进行行为反馈。比如一发出"哔哔"的声音，被训练过的猴子就开始摘香蕉。

罗伯特·西奥迪尼认为，人类也有这种类似的行为模式，也就是说，当某个产品突然涨价的时候，我们首先想到的是"不好，我要立刻买入，否则它还会继续涨价，再迟疑的话甚至再也买不到了"。要知道，我们的理性往往慢于本能。

绝大多数时候，这种本能反应一闪而逝，有可能会被理性立刻掩盖住。但是，有些商家会同时制造某种紧迫感，让我们在本能的驱使下迅速做出消费决策，让我们对那些“非吉芬物品”也做出追涨杀跌的愚蠢举动来——这就等于是自愿落入消费陷阱了。

消费者剩余：买得值不值，自己说了算

琳达、凯文、哈利和乔伊四个人参加了一场猫王（美国摇滚巨星埃尔维斯·普雷斯利）专辑的小型拍卖会，他们的目标都是拍下这张专辑。但是每个人的心理底价都不一样。琳达的底价是一百美元，凯文的是八十美元，哈利的是七十美元，而乔伊只打算出五十美元。

拍卖开始后，起拍价为二十美元，开始叫价。当叫价达到五十美元时，乔伊退出竞拍。当专辑价格提升到七十美元时，哈利不再参与出价。最后，凯文出价八十美元，琳达加价到八十一美元，凯文退出竞拍，琳达得到了这张专辑。

那么，在这场拍卖中，琳达的收益是多少呢？答案是一张专辑外加十九美元。因为琳达对这张专辑的心理承受价是一百美元，而事实上，最终她只为此支付了八十一美元，比预期节省了十九美元——这节省出来的十九美元就是琳达的“消费者剩余”，同样也属于她的“心理收益”。

消费者剩余理论是英国经济学家阿尔弗雷德·马歇尔基于边际

效用价值理论演绎出的一个消费心理学概念。他在《经济学原理》一书中为“消费者剩余”下了这样的定义：“人们愿意为某种商品实际支付的价格，绝不会超过他所预期能承受的最高心理价格，因此，他购买此物所得的满足，通常超过他因付出此物的代价而放弃的满足。这样，他就从这种购买中得到了一种满足的剩余。”

消费者对于“自己所能承受的最高价格”的预期是完全主观的。实际上，“消费者剩余”并不会真的让消费者获得实际价值，却能带来一种心理上的满足感。同样的道理，当消费者剩余为负数的时候，也不会带来金钱损失，却会让消费者有切切实实的心痛的感觉，仿佛在割肉。

某日，某市场来了个卖陶罐的人。其中一个陶罐看上去破破烂烂，却要五个金币，要知道，那时候，一个普通的陶罐也就值一两个银币。于是，有人试探着问：“我出一个金币买你的陶罐吧？”卖陶罐的人生气了，不做回应。于是又有个人说：“三个金币总该行了吧？”卖陶罐的大怒道：“这陶罐虽然破旧，但工艺十分精美，一看就是来自罗马的上等货，少于五个金币我不卖！”

恰巧，一个有钱人也来逛集市，听说了这件事，也走上去仔细观察了这个陶罐，发现，这陶罐的确如那个卖陶罐的人所说的来历不凡。更重要的是，这并不是当代的工艺品，而是一件古罗马时代的古董，至少值一百个金币。于是，这个有钱人痛快地将陶罐买了下来。

在这个故事中，谁吃亏了？表面上看来是那个卖陶罐的人。但根据“消费者剩余”理论，其实，两个人都没吃亏。对富人来说，他的心理底价是“不高于一百金币”，结果以五个金币买到手，消费剩余是九十五个金币，赚到了；而对陶罐商人来说，他能接受的底价是五个金币，他得到了五个金币，“消费者剩余”并不是负数，同样也不吃亏。

当然，也存在一种情况：当陶罐商人得知陶罐的真正价值后，他必然会痛心疾首。因为那时候，他的心理底价同样变成了100金币，“消费者剩余”也就变成了负数。

“消费者剩余”其实是一种很主观的评价，每个人对于不同商品的价值评估截然不同，所以，即使是同一件商品，不同人在购买时能否获得消费者剩余、能获得多大的“消费者剩余”，也都是不同的。

例如，同样是一件标价为五百个金币的大理石雕刻艺术品，在普通人看来，会觉得：“居然有人用这么多钱换一座破石雕？”而在艺术家看来，则会觉得：“多么巧夺天工的艺术品，居然只卖这么几个钱？”撇开艺术品投资的因素，普通人不懂艺术，对艺术品的预期价格底线低，自然觉得亏了；而艺术家的预计价格底线高，自然觉得赚了。

可见，“消费者剩余”在很大程度上依靠的是个人的主观判断。一个人在消费过后感觉“买亏了”或者“买值了”，其实与商品的真实价值无关，与标价也没有太大关系，真正有关的只有一个——他最多愿意为这个商品付出多少钱。

稀缺效应：
“稀缺”是刻意营造的心理压迫

我们常说“失去了才珍惜，得不到的最珍贵”，有时候，可能原本对自己没有多大吸引力的东西，当有一天要失去或者意识到自己永远也得不到的时候，我们会突然变得十分渴求它，这是为什么？因为当我们能够获得某种东西的机会越少，它的价值就会越发凸显出来，这种“机会越少，价值越高”的心理，就是所谓的“稀缺效应”。

在消费行为学中，这种因为“物以稀为贵”而导致的购买欲望提高的现象，就是“稀缺效应”的重要体现。

精明的商家针对“稀缺效应”加以利用，便有了“饥饿营销”这种营销模式：通过调节供求两端的数量，人为地制造稀缺，并造成供不应求的热销假象，从而提升消费者的渴望度和产品的知名度。

以苹果手机的营销为例。最初，iPhone手机由于产能不足导致屡屡脱销，经常连续几个月断货，结果反而使得消费者的购买欲望空前高涨。于是，尝到甜头的苹果公司开始刻意地保持市场的“饥饿”状态，到iPhone4发布的时候，这种吊足消费者胃口的营销方式被做到了极致。

在iPhone4发布之前，苹果公司透露了新一代手机即将面世的消息，然后就不再发布任何消息。等消费者的好奇心完全被激发起来后，乔布斯才现身发布大会，隆重介绍了iPhone4的产品性能，称其为“再一次，改变一切”。之后，铺天盖地的广告与之前的静默形成了鲜明对比，同时也把消费者的渴求心态推向了顶峰。然后，到了iPhone4正式上市之后，苹果公司无视庞大的市场需求，始终坚持与运营商签订排他性合作协议，严格控制出货数量，时不时地让市场陷入缺货之中。

苹果公司的这一手“饥饿营销策略”，把稀缺效应玩儿到了极致。自此以后，每一代iPhone新机发布都会效仿这一套路，一直到iPhone7上市时才有所收敛。

而之所以收敛，是因为模仿者太多。此时，消费者对传统的“饥饿营销”已经产生了排斥心理，但这并不代表稀缺效应本身失效了，只是说明商家需要发明更多的营销手段来重新利用稀缺效应了。

在“稀缺效应”中，其中最重要的一个手段就是抢购——本质上是通过引入竞争购买的方式来营造一种稀缺氛围，从而触发消费者心中的“稀缺效应”。

我们都有过这样的经历：小时候，小伙伴们相互争抢本来没那么好吃的食物，一番争抢下来，那些食物似乎也变得美味了。原因很简单，争抢就意味着竞争，而一旦出现竞争，资源的稀缺性就体现了出来，我们心中的“稀缺恐惧”也就被成功地触发了。

美国亚利桑那州立大学的心理学教授罗伯特·西奥迪尼在他的书中讲过他弟弟理查德的卖车经历。在书中，西奥迪尼写到，理查德常常会在周末登广告出售二手车，一般当天就有人打电话来要求看车。于是，他就会把这些潜在买家约在同一个时间来看车，这样做就是为了制造一种竞争气氛。

通常，第一个买家会按照标准的买车程序，仔细地检查车子，指出各种缺陷，然后议价。但是，这时候，第二个买家也赶到了，然后，第一个买家的心理状态马上就发生了变化，开始萌发出了竞争意识。在这种心理下，第一个买家几分钟前的从容不见了，他会突然感到机不可失、时间紧迫；同样，第二个买家也会被有限资源带来的竞争搞得很紧张，在一边踱来踱去，觉得这辆车突然间变得特别有吸引力。假如第一个买家没有立刻决定买那辆车，甚至是没能很快地做出决定，第二个买家就会立刻冲上来要求买车。

最后，西奥迪尼评价道："所有那些为我弟弟的收入做出了贡献的买主们都没有认识到，促使他们买车的强烈欲望与车本身的价值毫不相干。"

由此可见，竞争带来的稀缺和饥饿一样，容易激发人们对某一事物的渴望。这个手段不仅被卖家使用，其实，买家也可以将其运用于议价过程中：当我们需要购买某种商品或者服务，而卖家却不停地讨价还价时，我们只需要暗示他：因为我的报价足够诱人，有许多人等着卖给我呢。这个时候，我们会发现，对方的气势慢慢就会弱下来。

同样的道理，很多时候，想要人们提起对一件事的兴趣，大可不必劳神费力地去说服他们，只需要为他们制造一个竞争对手。毕竟，人类对“稀缺”的恐惧是与生俱来的本能。

折扣效应：
被理性驱使的感性消费

全球最大的日用消费品公司宝洁公司曾经实行过“折扣券制度”，即向低收入顾客群体提供折扣券，凡是拥有折扣券的顾客都可以享受较优惠的价格。

1996年，宝洁公司以“区分消费者需求弹性成本太高”之名要取消这一制度。结果激怒了大量拥有折扣券的顾客，一纸诉状将宝洁公司告到了纽约州司法部。最后的结果是纽约州司法部强制要求宝洁公司继续执行“折扣券制度”。

折扣，可谓现代零售业中的伟大发明，通过按原价给予买方一定比例的退让，即在价格上给予适当的优惠，从而诱使消费者再次消费。尽管消费者明白“天下没有免费的午餐”，但他们依然对各类打折商品趋之若鹜，这就是消费行为学中的“折扣效应”。

一般，我们认为为追求打折而买一大堆自己不需要的商品的行为是一种感性消费，但其实，“折扣效应”恰恰利用了消费者作为“理性的经济人”的特点，即追求自己的利益最大化。

只是，商家也是“理性的经济人”，同样追求利益最大化，为什么他们也愿意把折扣作为营销利器来使用呢？

事实上，折扣的价值本身对消费者或者商家并没有任何倾向性，双方都只是在追求自身利益最大化的过程中利用折扣进行博弈——谁能将折扣的价值发挥到最大，谁就在博弈中胜出。

单纯的打折优惠隐含的博弈逻辑很简单：将潜在的未来消费提前。

一般而言，消费者购买打折货品的心理是“我现在并不需要这件商品，但以后可能会用到，不如趁现在便宜赶紧买”，而商家的心理则是“虽然你以后可能会买，但也有可能不买，不如让你趁现在就买”。

这两种心理博弈中，到底谁欺骗了谁？谁吃了亏？其实都没有。对消费者来说，如果他未来确实必须购买这件商品，那么，趁打折买入就是最理性的消费；如果他对未来需求的预期是错误的，那么他就落入了打折陷阱。而对商家来说，也是同样的道理，如果消费者对未来消费的预期是正确的，那么无疑是商家亏了，因为即使不打折，消费者也会在未来的某个时间购买这件商品。

由此可见，折扣本身并非陷阱，真正的陷阱在于消费者对自己消费需求的预期上。

除了单纯的打折优惠，现在的商家还有另一种变相的折扣武器：储值卡。通常采用商品本身不打折，但储值卡充值返现的形式吸引消费者储值。尤其是像健身房、游泳馆、培训课程等非刚需类服务型产品，储值卡是最为常用的一种营销手段。

同样，这依然是一种心理博弈。消费者的心理是，我以后一直会在这里购物，而充钱越多返现越多，相当于折扣就越高。而商家的心理则是，你以后未必还会来我这里消费，所以先让你充一百元钱。

那么，储值卡这种模式到底划不划算？谁坑了谁？如果消费者确实长期在这里消费，那么消费者就赚了；相反，那么商家就赚了。

因此，很多人认为折扣是一种陷阱，其实，这种看法非常片面。事实上，折扣是一种博弈，只不过在这场博弈中，商家的赢面远远大于消费者。因为相对于消费者个人，作为一个组织的商家更具备“理性的经济人”的特质。甚至可以这么说，在这场“折扣博弈”中，消费者有输有赢，而商家则只有赢得多和赢得少的区别，因为对商家来说，只要以高于成本的价格吸引到了客户消费，他就是稳赚不赔的。

所以，话说回来，尽管折扣不是陷阱，但在面对折扣的时候，我们依然要保持理性，认真考虑自己的消费意愿和预期。本来消费者的赢面就低，若是再一时冲动，那折扣可就真的成了陷阱了。

博傻理论：
蠢不可怕，别做最蠢的那个就行

1919年8月，著名经济学家凯恩斯借了几千英镑去做远期外汇投机。仅仅过了四个月，他就赚了整整一倍，为此他欢喜不已，再一次借钱追加了投资。但是，三个月之后，他把之前赚到的钱和借来的本金输了个精光。

七个月后，凯恩斯又涉足棉花期货交易，这一次，他大获成功，不仅赚了一笔钱，还发现了一个投资心理学中的重要理论——“博傻理论”。

“博傻理论”是指在资本市场中，人们会完全不顾某种商品的真实价值，而愿意花高价购买，因为他们预期会有一个傻瓜花更高的价格从他们那儿把它买走。对此，凯恩斯举了一个关于著名科学家牛顿的例子：

1720年，英国的一个骗子创建了一家皮包公司。自始至终，无人知道这家公司到底是做什么的。但受当时的投机狂潮影响，当这家公司发行股票时，近千名投资者争先恐后把大门挤倒。没有多少人相信这家公司的股票估值，而是都预期会有更大的笨蛋出现，价格会上涨，自己能赚钱。有意思的是，大科学家牛顿也参与了这场投机，并且，最终成了其中最大的傻瓜。

投机与投资的区别在于投机行为的关键并不是预测投资对象的价值，而是判断是否有比自己更大的傻瓜。只要自己不是最大的傻瓜，赢利就不是问题。当然，如果找不到愿意出更高价格的傻瓜把物品买走，那么，最终拥有该物品的人就是最大的傻瓜。事实上，所有人都懂这个道理，即使是在资本投机最疯狂的时代，随便拉个投机者问一下，他也不会相信资本市场会永远繁荣下去。但假如再问一下人们会不会继续炒股或投机，答案也是惊人的一致：肯定会继续！

一方面明知道这“便宜的午餐”吃得并不会永远顺心，很有可能会被噎着，另一方面却还要拼命地吃，原因何在？道理很简单，大家都在“博傻”。

在股市中，“博傻理论”的表现尤为明显，甚至延伸出一个被称为“傻瓜赢傻瓜”的“博傻策略”，即在高价位买进股票，等行情上涨到有利可图时迅速卖出。这种“博傻策略”认为“高价之上还有高价，低价之下还有低价”。游戏规则也很简单，就像击鼓传花，只要不在鼓声停下的时候拿到花的人都会有利可图。

可以说，“博傻理论”告诉人们的最重要的一个道理是，在这个世界上，傻不可怕，可怕的是做最后一个“傻子”。

博傻行为其实也可以细分为两类，一类是感性博傻，一类是理性博傻。所谓感性博傻，是指在行动时并不知道自己已经进入一场“博傻游戏”，也不清楚游戏的规则和必然结局。而理性博傻，则清楚地知道“博傻规则”，只是相信在当前的状况下还有更多更傻的投资者即将介入，因此才投入少量资金赌一把。

在投机市场上，绝大多数投机者都是理性博傻，因此，对大众心理的判断就变得尤为重要。当大众普遍感觉到当前价位已经偏高，需要撤离观望时，市场的真正高点也就来了。“要博傻，而不是最傻”，这话说起来简单，但做起来不容易，因为到底还有没有更多更傻的人，是并不容易判断的。一不留神，理性博傻者很可能比感性博傻者更容易变成最大的笨蛋，因为感性博傻者是在不知不觉中进入博傻游戏的，一旦发现不对劲立刻会撤退，而理性博傻者则是摆明了要玩火或走钢丝，一旦判断失误，就会万劫不复。

所以，要参与博傻，必须对市场行情和大众心理有比较充分的研究和分析，并控制好心理状态。

所以，当进入资本市场的时候，一定要分清楚自己到底是在投资还是在投机。没有人喜欢被看成傻瓜，但是，一旦选择了参与投机，实际上，就等于已经把自己置于“傻瓜候选人”之中了。

第十一章

路径依赖法则：到底是做事重要，还是做人重要

路径依赖法则：
“第一份工作”是成功的一半

1927年，美国的南方公司开设了世界上第一家便利店，1946更名为7-Eleven，意思是该店的营业时间由早上七点一直到晚上十一点。1974年，伊藤洋华堂将其引入日本，并将营业时间变为二十四小时全天候营业。从此以后，这种二十四小时便利店风靡全球。

这些全天候营业的商店会比普通超市多出一笔额外开支，如照明费用、晚间轮班的收银员工资、存货管理员的加班费等，导致其实际盈利率往往低于普通超市。那么，为什么这类商店还是坚持通宵营业呢？

这就涉及心理学中的“路径依赖法则”。

“路径依赖法则”，指在人类社会中技术演进或制度变迁均与物理学中的惯性类似——一旦进入某一路径，就可能对这种路径产生依赖。这是因为，人类社会与物理世界一样，存在着报酬递增和自我强化的机制，一旦人们做了某种选择，就好比走上了一条不归之路，惯性的力量会使这一选择不断自我强化，并让人轻易走不出去。

二十四小时便利店的这种做法，便是对“路径依赖法则”的一种有效利用。

因为顾客在购买日常用品的时候总是倾向于去自己最熟悉的商店，而且一旦选中最符合自己要求的商店，就很少做出变更了。

普通商店都在晚上十点关门，次日早晨八点开门，这时候，如果一家店把营业时间改成二十四小时，那么，就会成为那些在晚上十点至早上六点购物的顾客的唯一选择。而多次在这个时间段进入该便利店购物之后，顾客就会习惯这家店的陈列方式，习惯前往这家店的交通路线，最重要的是，习惯将这家店和“便利”联系在一起。这就等于形成了一个购物的路径，那么即使是在白天，他也会慢慢地习惯来这家店购物，这就等于形成了一种“路径依赖”。

“路径依赖法则”被总结出来之后，最早被用于阐释经济制度的演进。美国经济学家道格拉斯·诺斯考察了西方近代经济史以后认为，一个国家在经济发展的历程中，其制度变迁存在着“路径依赖”现象，并因此创立了制度变迁的“轨迹”概念，从“路径依赖”的角度解释为什么世界上有这么多的国家而发展道路却各自不同，为什么有的国家长总是走不出经济落后、制度低效的怪圈等问题。

正是这个研究成果，让诺斯获得了1993年的诺贝尔经济学奖，也让“路径依赖法则”声名大噪，人们开始把它广泛用于阐释我们生活中的各种选择性决策，大到国家和民族的经济制度演进，小到个人的消费决策，无不受“路径依赖法则”的影响。甚至可以说，我们的一切选择都会受到“路径依赖法则”的影响——过去做出的选择决定了现在可能的选择，而现在的选择又将决定未来的选择。

一个最典型的例子就是我们的职业生涯。影响一个人职业发展的因素很多，但其中最重要的无疑是第一份工作。有专家曾形象地比喻，职业发展就像我们穿衣服一样，第一个扣子（第一份工作）特别重要，如果这第一个扣子扣错了，就可能一路错下去。因为从事一份职业越久，路径依赖的影响就越大，固定路径所带来的报酬递增和自我强化心理就越强大，因此，更换路径（更换职业规划）的成本也就越大。

客观来讲，第一份工作的选择无非是两种情况：一种是成功的选择，找到了一个适合自己发展的起点，并沿着这条路一直走向成功；另一种是失败的选择，随着工作的深入，发现自己并不适合。

而后一种情况在职场上其实非常普遍。当我们已经习惯了某种工作状态和职业环境时，就会产生一定的依赖性。若重新做出选择，往往会丧失许多既得利益，甚至元气大伤，从此一蹶不振。

这就是为什么所有职业规划专家都会建议，第一份工作一定要兼顾自己的兴趣、个性、能力及专业知识，为自己量身定制一个既具挑战性又不失客观、实际的职业生涯发展规划，按照规划一步步努力走下去。只有这样，“路径依赖法则”所带来的自我强化才会起到正反馈的作用，进入良性循环。

但是万一发现入错行，更要认识到“路径依赖法则”的强大力量。抛弃固有路径需要极大的勇气，更需要付出极大的代价，因此更要深思熟虑，一旦做出了决定，就要坚定地转换路径，在新的职业规划路径中勇敢地走下去，这是重新回到成功轨道的唯一选择。

蔡格尼克记忆效应：
要做好一件事情的最好方法，就是立刻开始做

20世纪20年代，德国心理学家蔡格尼克做了一项有关记忆的实验，她让被试者做二十二件简单的工作，这些工作所需要的时间大体相等，一般为几分钟。这二十二件工作被随机分为两组，其中一组是允许被做完的，而另一组在没有做完时就受到阻止。

这个试验做完后，蔡格尼克立即要求被试者回忆之前让他们做的这二十二件工作分别是什么。在实验之前，被试者并不知道还有这个环节，所以，一时之间很难全部回忆起来。最后的回忆结果是，那些未完成的工作平均可回忆起68%，而已完成的工作只能回忆起43%。

由此可见，被试者会对未完成的任务念念不忘，从而产生较高的渴求度，这种现象就叫“蔡格尼克记忆效应”。

这是因为我们在做一件事情的时候，会在心里产生一个张力系统，这个系统使我们处于紧张的心理状态之中。当工作没有完成就被中断的时候，这种紧张状态会再持续一段时间，这个未完成的任

务也就一直压在心头。而一旦这个任务完成了，那么这种紧张的状态就会消失，大脑就容易把它遗忘。

“蔡格尼克记忆效应”在现实生活中的应用十分广泛，例如，电视剧中插播广告的做法，让观众深恶痛绝，但是又不得不硬着头皮看完。因为广告插进来时剧情正发展到紧要处，实在不舍得换台，生怕错过了关键部分。于是只能忍着，一条、两条……一口气看完数条广告后就更舍不得换台了，因为心里想着：反正都看了好几条了，干脆都看完吧。

由此可见，要做好一件事情的最好方法，就是立刻开始做它。一旦开始做了，“蔡格尼克记忆效应”就会发挥作用，让我们在做完之前欲罢不能。相反，若是一直拖着不做，想着等某个特定的时间点再开始，那么这件事情就可能永远也开始不了。

詹妮是一所社区大学里艺术团的音乐剧演员。在刚加入艺术团的时候，她就有一个梦想：大学毕业后，先去欧洲旅游一年，然后要在纽约的百老汇占据一席之地。当她把这个梦想告诉自己的心理学老师时，老师问了一句：“你今天去百老汇跟毕业后去有什么差别？”詹妮仔细一想，觉得很有道理。无论是大学生活还是去欧洲旅行，跟百老汇都没有太大的联系。于是詹妮说：“您说得没错，我决定明年就去百老汇闯荡。”听到这句话，老师又问：“你现在去跟一年以后去有什么不同？”安妮苦思冥想了一会儿，终于醒悟过来，激动地说：“好，我收拾下行李，下个星期就出发。”老师却依然摇摇头：“所有的生活用品在百老汇都能买到，你一个星期后去和明天去有什么差别？”

老师的这句话点燃了詹妮心中的激情：“好，我明天就去。”这时，老师才赞许地点点头，说：“我已经帮你预订好明天的机票了。”

第二天，詹妮就飞到了纽约的百老汇。恰好，当时百老汇的制片人正在酝酿一部经典剧目，而这部剧的女主角简直就像是为詹妮量身定制的，詹妮立即报名，然后参加面试，一路过关斩将，顺利地得到了这个角色，成功登上了百老汇的舞台。

走向成功的第一步不是梦想，而是行动。如果你打算做一件事情，最好的方法就是立刻开始做它。无论有着什么样的梦想，将其付诸行动之前都只是梦想而已，而说不定一年后，你的梦想就改变了。

但当你一旦开始行动，就会全身心地投入其中，做得越多，坚持梦想的决心就越坚定，实现梦想的机会就越大。

“蔡格尼克记忆效应”告诉我们：我们最念念不忘的，其实是那些已经开始而还未完成的事情。既然如此，那就尽快迈出第一步吧，一旦迈出了第一步，就没有什么能阻止我们继续走下去！

布利斯定理：计划越充分失败概率越小

“布利斯定理”是美国行为科学家艾得·布利斯提出。布利斯在一所中学进行了一个实验，让三组学生在二十天的时间里进行不同方式的投篮技巧训练。

第一组学生在二十天内每天练习投篮，把第一天和最后一天的成绩记录下来。

第二组学生也记录下第一天和最后一天的成绩，但是在这二十天内不做任何练习。

第三组学生记录下第一天的成绩，然后每天花二十分钟进行想象中的投篮；如果投篮不中，他们便在想象中做出相应的纠正，到第二十天时，同样记录下他们的最后成绩。

最后哪一组的成绩增长得最快呢？答案出乎意料：只在想象中训练的第三组进球率提升了26%；而每天实际练习的第一组，只提升了24%；当然，完全没有练习的第二组则毫无进展。

第三组的提升比第一组快的原因在于，第一组只是机械地重复练习，而第三组则是在每次投篮之前都构想好了每个动作的细节，梳理清楚后将其深深地刻在脑海中。因此，当真正投篮的时候，就会得心应手。这就是所谓的“布利斯定理”：“用较多的时间为一次工作做计划，做这项工作所用的总时间就会减少。”

布利斯实验打破了一个长久以来的误解，即认为只要长期勤奋练习就一定会熟能生巧。在布利斯的三组被试者中，熟能生巧的那一组成绩却不如在脑子里虚拟演练的那一组。这就说明一个问题：机械地重复某件事情所带来的手感，远远比不上事先反复筹划、琢磨所形成的经验。所以，不管做什么事情都需要周密规划，计划性远比熟练度有价值。

澳大利亚苛罗尼雅制造公司极度重视发展的计划性。每个月的董事会会议都有一个固定议程，那就是根据本月市场变化调整年度计划。会后，公司总经理都要会见各部门的五十名高级主管人员，根据调整后的计划讨论各部门的业务情况。除此之外，公司每年还要召开两次中层经理人员会议，使他们了解外界环境的各种变化及其对公司业务的影响，并制订出详细的应对计划。

苛罗尼雅制造公司共有三个事业部，以赫伯特领导的矿业与化学品部为例，为了在制订计划的时候更具有可操作性，赫伯特会把总公司的情况及时通报给各个分公司的经理，并且要求各个分公司从每年的4月份开始制订自己的战略计划，在8月份之前制订完毕，并交给大部的经理。

在收到这些计划之后，大部经理先进行挑选，再安排先后次序，最后在这些计划的基础上制订出部级的战略计划。部级计划包括对各个分公司未来五年的展望、主要的问题、所采用的战略，以及各种投资计划等内容。接下来，事业部汇总大部门计划后形成事业部计划，送到总公司的财务部，财务部于9月份将部级的计划送往公司总经理办公室。在此后的一个月中，这份计划将由总管理处与各部经理仔细地研究、讨论，并做出批复。

批复会在每年的11月份之前以指导性文件的形式发回事业部，该文件详细地说明了哪些计划已被批准，以及总公司对事业部的期望等。之后，事业部根据总公司发的指导性文件，重新制订自己的战略计划并编制预算。最后，总公司再根据这些计划制订出公司下一年度的总计划。

通过这一系列烦琐的编制程序，苛罗尼雅制造公司确保了最后制订出来的计划是切实可行的。但这还不够，公司还建立了一套追踪审核制度。该制度规定，在每一年度结束之前，各个分公司都应指派专门的稽核人员对计划执行的情况进行检查，并写出追踪审核报告，从而做到能使一年的预测更为准确。

正是这一整套严密的计划制订过程和有效的监督执行机制，保证了苛罗尼雅公司在经营中很少发生失误，从而一直保持着迅猛的发展速度。

可见，做好一件事情的先决条件是事先做好规划。“布利斯定理”告诉我们，前期规划和筹谋的时间是非常值得的，规划的时间越久、越周密，真正做事时的效率就越高。

权威效应：
权威引出的决策的惰性

“权威效应”是指一个人要是地位高、有威信、受人敬重，那么，他所说的话、所做的事就容易引起其他人的重视，并相信其言语和行为的正确性、权威性。

“权威效应”无处不在。在很多起航空事故中，人们都发现，机长所犯的错误往往十分明显，但副机长却没有针对这个错误采取任何行动，最终导致飞机坠毁。

苏联历史上曾发生过一次严重的空难。当时，空军中将乌托尔·恩特要执行一项飞行任务，但他的副驾驶员在飞机起飞前生病了，于是，总部临时给他派了一名副驾驶员做替补。这名副驾驶之前并没有和恩特将军合作过，这一次，能成为这位传奇将军的副手，他感到非常荣幸。

在起飞过程中，恩特像往常一样哼着歌，同时摇头晃脑地打着节拍。结果，这个动作让替补副驾驶误认为他是要自己把飞机升起来。虽然当时飞机还远远没有达到可以起飞的速度，副驾驶还是把操纵杆推了上去。结果，飞机的腹部撞到了地上，螺旋桨的一个叶片飞入了恩特的背部，导致这位空军中将终身瘫痪。

事后，有人问副驾驶："当时，你明知操控有误但为什么还要把操纵杆推起来呢？"他回答："我以为将军要我这么做，我相信，将军不会错的。"

一个经验丰富的飞行员却因为误解了空军中将的指令，犯下了连新手都不可能犯的错误，这就是"权威效应"的具体体现。

"权威效应"产生的主要原因在于人们的"安全心理"，即人们总认为权威人物往往是正确的楷模，服从他们会使自己具备安全感，并增加不会出错的保险系数。另一个重要原因是一种"赞许心理"，即人们总认为权威人物的要求往往和社会规范相一致，按照权威人物的要求去做，会得到各方面的赞许和奖励。

不可否认，权威之所以成为"权威"，是因为他们的能力强于普通人。但是，很多时候我们应该明白，其实权威也是人，他们或多或少都会受到时代和自身条件的局限。如果我们不能认识到这一点，而对权威言听计从，就永远无法进步，甚至会像恩特将军的副手一样，犯下极为低级的错误。

需要指出的是，"权威效应"是一种司空见惯的心理学现象，它本身无所谓好坏，关键看如何运用。运用恰当，它就能发挥出巨大的积极作用；运用不恰当，它就可能会带来负面影响。

那么，我们应该如何消除"权威效应"的负面影响呢？

著名指挥家小泽征尔在一次世界级指挥家大赛的决赛中，按照评委会所给的乐谱指挥乐团演奏。在指挥过程中，他觉得有不和谐的声音出现。一开始，小泽征尔以为是乐队演奏出了错误，便停下来让乐团重新演奏，可还是感觉不对。因此，小泽征尔认定，是乐谱出了问题。

他立刻向评委会提出了这个问题，但是，在场的所有评委都坚持说乐谱绝对没有问题。他们告诉小泽征尔，乐谱绝不会出问题，如果有不和谐的地方，一定是他的指挥出了问题。面对眼前这些由世界级音乐大师组成的权威评委，小泽征尔低头思索了良久。最后，他抬起头，斩钉截铁地大声说："不！一定是乐谱错了！"

谁料，小泽征尔话音未落，评委们便对他报以热烈的掌声，祝贺他一举夺魁。原来，这是评委们精心设计的圈套，以此来检验指挥家对音乐演奏是否有自己的看法，并且，更重要的是，是否能在被权威否定的情况下继续坚持自己的主张。

小泽征尔没有迷信权威，而是坚持了自己的观点。由此可见，要消除"权威效应"的负面影响，首先需要对自己的能力充满自信，其次需要养成批判性思维能力，做到相信权威，但不迷信权威。

古希腊伟大的哲学家亚里士多德说过："我爱我师，但我更爱真理。"这也是我们对待"权威效应"的正确态度。只有永远保持质疑、问难的精神，才不会对权威产生迷信；只有对自己充满自信，才有勇气去公开挑战权威。

古德曼定律：
没有恰当的沉默，就没有良好的沟通

“古德曼定律”又称“沉默效应”，源自美国加州大学心理学教授古德曼的理论。古德曼指出：“沉默可以调节说话和听讲的节奏。沉默在谈话中的作用，就相当于零在数学中的作用。尽管是零，却很关键。没有沉默，一切交流都无法进行。”

古德曼研究了历史上大量的政界和商界名人，在解释自己的理论时，他特别强调了法王路易十四的一个习惯：

每当遇到大臣们因为某个政见而争论不休的时候，路易十四就会端坐一旁，不动声色地听着，却不做丝毫表示。等到双方争论完后，他才会不置可否地说一句：“我会考虑的。”然后便转身离开了。久而久之“我会考虑的”这句话，便成为路易十四应对各种问题的经典回复，而他的缄默寡言则使大臣们猜不透他的真实意图，只好诚惶诚恐地听从他的命令。

就这样，路易十四通过恰当地保持沉默而巩固了他的权威，而法国的中央集权也在他手中达到了巅峰。连极度厌恶路易十四的圣西蒙公爵都不得不承认："他创造了奇迹，他的威望也因寡言而得到了提升。"

在人与人沟通的过程中，表达观点是必不可少的，但很多时候，适当的沉默比声嘶力竭的争辩更容易产生震慑的效果，进而令对方信服。懂得沉默的人能在沟通中以静制动，用沉默隐藏自己的真实想法与意图，从而在时机成熟时一举掌握主动权。

与此同时，用语言慑服对方，很有可能说得越多暴露得也就越多，而适当的沉默，能够更有效地控制你的身体语言，让对方无法洞察你的意图。否则，你可能会在进退失据中更加暴露自身的意图。

沉不住气的人在冷静的人面前往往容易失败，原因就在于他们太急于表达，而没有时间考虑自己的处境和地位，最终必然露出弱点。

当然，在日常交往中，并没有这么多需要钩心斗角的地方。但在许多场合中，高效的沟通往往离不开沉默。

美国演讲家卡耐基有一次买到了一件有褪色问题的衣服，于是，他回到店里打算退货。正当他将这件衣服的问题告诉售货员时，却被售货员打断了："我们已经卖出了数千件这种衣服，你还是第一个来挑剔的人，我们这儿不让退货，你要是不满意就换一件吧。"

这种恶劣的态度让卡耐基无法接受，于是，他跟售货员激烈地争辩起来。随后，另一个售货员也加入了，他说："所有黑色衣服起初都会褪一点颜色，那是没有办法的。这种价钱的衣服就是这样，那是颜料的问题，你再穿几天就好了。"

这句话让卡耐基更恼火了，他忍不住要破口大骂。这时，他们的经理过来与卡耐基协商解决了这件事。卡耐基说："他将一个恼怒的人变成了一位满意的顾客。这位经理是个真正懂得沟通艺术的人。"

这个经理说了什么让卡耐基如此满意？事实上，他一开始什么都没说，只是静静地听着卡耐基挑剔衣服的质量问题，并且不置一词。等卡耐基宣泄完了，他才开口。首先，他承认自己不知道为何会褪色，然后，又问卡耐基："你要我如何处理这套衣服呢？你提什么要求，我都会答应的。"

听了这句话，卡耐基的怒火消失了，本来他还打算退掉这件衣服，但现在，他回答说："我只要你的建议——我要知道这种情形是暂时的还是永久的，是否有什么办法可以妥善地解决？"然后，这位经理建议卡耐基再试着穿一个星期。如果到那时仍不满意，可以来换一件让他满意的。

其实，仔细想想，经理的建议和两位售货员的建议完全一样，但是，他却让卡耐基"满意地走出了这家商店"。一星期后，卡耐基发现，这衣服确实没有问题，于是，他对那家商店的信任也就完全恢复了。

这位经理的沟通艺术体现在哪儿？关键就是沉默。他用听代替了说，让卡耐基尽情说出自己的不满，宣泄出所有的负面情绪。然后，顺着卡耐基的话，他提出一套卡耐基能接受的解决方案。

沉默往往和倾听联系在一起，不懂倾听就没办法有效地与人沟通；而不懂沉默，就没办法有效地倾听他人。许多人不能让他人对自己产生好印象，就是因为他们不懂沉默，不注意倾听。他们只关心自己要说什么，却不关心对方想表达什么。事实上，这样的沟通只是一个鸡同鸭讲的“双向演讲”，而非真正的沟通。

工作成瘾综合征：
“工作狂”是一种心理疾病

曾经，“工作狂”是个褒义词，尤其是在中国、日本、韩国等东亚国家，“工作狂”意味着强烈的责任心和被人学习、模仿的榜样。但是，近些年随着心理学研究的深入，“工作狂”渐渐被认定为一种心理疾病。换句话说，这种人非但不值得表彰，反而是需要心理治疗的。

在心理学上，“工作狂”被称为“工作成瘾综合征”，学名“病理性强迫工作”，最早是由松本教授在1997年提出的。松本教授认为，“工作狂”是对工作的一种过度依赖，表现为通过超过一般限度的工作来获得心理满足。当这种依赖失控，便成了工作成瘾，对人会产生极大的负面影响。

目前，“工作成瘾综合征”已经被作为一种正式界定的心理疾病纳入了诊断体系当中。它的机制和毒瘾是一样的。毒品通过提高一种叫脑啡肽的物质分泌，在短时间内令人高度兴奋。“工作成瘾综合征”患者也一样，通过高强度工作所带来的心理补偿感同样会刺激脑啡肽的分泌，从而给人带来病态的快感。

需要指出的是，“工作狂”与一般对工作抱有热忱的人有着本质的区别——后者热爱自己的工作，能从工作中获得巨大的成就感；而“工作狂”则是把工作作为获得心理快感的工具，其人并不热爱工作本身，也很难从工作中得到快乐，只是通过拼命地加班、工作以求获得某种心理解脱般的愉悦感。

换句话说，对工作抱有热忱的人追求的是工作的结果和结果带来的成就感，而“工作狂”追求的是工作的过程。所以，他们往往吹毛求疵，强迫自己对每一个工作环节都做到完美，一旦出现问题或差错便羞愧难当、焦虑万分，同时又拒绝别人的帮助。在这种情况下，“工作狂”的工作量巨大，但工作成效往往却不显著。

而“工作成瘾综合征”带给人的最大伤害，则是极度耗损人的身心健康。

事实上，任何过度的事情都是健康的大敌，不管是过度抽烟、过度喝酒、过度玩乐，还是过度休息都是有损健康的，但“工作成瘾综合征”的恐怖之处在于，过度工作的行为被包装在“努力才能获得成功”的主流价值观中。没有人认为大量抽烟是好的，但大多数人则相信高强度工作能带来高额的回报。

面对“工作狂”，我们说得最多的是“努力工作虽然是好的，但也要注意一下身体”，而不是向抽烟成瘾的人那样直截了当地告诉他：“你这是种病态行为，必须立刻终止！”

伪装成良药的毒药最恐怖，披着“进取心”外衣的“工作成瘾综合征”也同样可怕。绝大多数“工作狂”都有一个共同点：他们在通过高强度工作欺骗自己，让自己相信自己是符合主流价值观的“成功人士”。

那么，如何才能在“进取心”和“工作狂”之间找到平衡点，既保持拼搏的精神又不陷入工作成瘾的病态呢？心理学家给出了以下几点建议：

第一，享受忙里偷闲的乐趣。工作狂首先要学会“偷懒”，懂得张弛有度是一种生命的智慧。悠闲与工作并不矛盾，该工作的时候就好好工作，该休息的时候就好好休息。但是，大多数人不可能有大量的时间休息，所以要学会忙里偷闲，让紧绷的弦放松。放松不是放纵，而是养精蓄锐，是为了以一种更快的速度奔跑。

第二，改掉工作时的口头禅，例如“我努力工作，是为了让孩子、妻子和父母生活得更好”等。正是这种口头禅让工作狂们陷入了“我不得不工作”的心理怪圈，一旦闲下来就会产生强烈的负罪感。因此，当不得不进行高强度工作时，不如把口头禅改成：“这是一件多么有价值的事情，我一定能把它做好！”

第三，调节对自己的认知。很多工作狂的出发点都是因为相信自己有着强烈的事业心和责任感，同时相信他人对自己的期望也是如此，因此把工作视为自己人生价值的唯一表现。但事实上并非如此，地球缺了谁都照常运转，工作狂身上背负的过高的期望压力，其实完全是来自自我认知的错位。

第十二章

彼得原理：把恰当的人放在恰当的位置上

彼得原理：
给每个人找到合适的位置

“彼得原理”是管理心理学的一种现象，最早由美国学者劳伦斯·彼得提出，指的是在各种组织中，由于习惯对在某个等级上称职的人员进行晋升提拔，所以，雇员总是趋向于被提升到其不称职的地位。

在劳伦斯·彼得的研究资料中有一个典型的案例：

汽车维修公司的学徒维修师杰克十分聪明好学，所以，他很快被聘为正式的机械师。这个岗位让杰克在机修方面的天赋得到了极大的发挥，经过短时间的摸索，杰克很快就能判断并排除很多连老师傅都束手无策的汽车故障。于是，没过多久，杰克又被提升为该维修厂的领班。

但是，在领班这个岗位上，杰克似乎遇到了发展瓶颈。在他的管理下，维修厂里总是堆着做不完的工作，而且车间里总是一团糟，交车时间也经常延误。这是为什么呢？原来，不管维修厂的业务多么繁忙，他都要亲自参与到维修工作中，且不干到完全满意绝不轻易罢手。而且，杰克似乎缺乏统筹能力，在他亲自维修汽车的时候，原本维修那辆车的人则站在一旁无所事事，因为杰克没有给他指派新的任务。

杰克有个口头禅："我们总得把事情做好嘛！"他对机械的热爱和对尽善尽美的要求在机械师这个岗位上确实让他大放异彩，可是，在管理岗位上，这优点却成了缺点——他只懂得维修技术，却不懂客户需求和管理艺术，对他的顾客和部属都不能应付得宜。也正因为如此，维修公司少了一个出色的机械师，多了一个无能的管理者。

像这种从技术岗到管理岗的提拔，在很多组织中极为常见。因为大多数公司总是把工资、奖金、头衔、擢升跟员工的表现和职业阶层挂钩，所处的阶层越高，待遇就越好。这种简单粗暴的激励模式，却让公司陷入了"彼得原理"的陷阱中，对组织和个人都造成了极大的损害。

除此之外，"彼得原理"还揭示了一个任何企业在发展过程中都会面临的问题：冗员。对于这个现象，英国社会理论家诺斯古德·帕金森提出了一个假设，认为这是由于组织中的高级主管采用分化和征服的策略，故意使组织效率降低，借以提升自己的权势。这种观点因此也被称作"爬升金字塔"，长期以来，作为一种主流观点用于解释企业冗员现象。

但是劳伦斯·彼得在对组织中人员晋升的相关现象研究后，得出了一个截然不同的理由。他认为，冗员现象背后的层级主管都是发自内心地追求高效率的，只是因为大多数主管都必然会升到一个他们无法胜任的阶层，由于这些人无法掌控当前所管辖的领域，于是，为了提高效率，他们只好雇用更多的员工。而员工的增加或许可以使效率暂时地得以提高，但是，这些新进的人员最后也将因晋升而到达其所不胜任的阶层。于是，唯一可以改善的方法就是再次增雇员工，从此陷入了恶性循环。

因此，管理大师彼得·德鲁克就多次强调企业的精兵简政有多么重要，在他的著作《管理新领域：明天的决策取决于今天》中，德鲁克说道："除非内部一致要求补充人才，否则，就直接去掉这个职位。"他认为，组织结构要想避免臃肿，最有效的方法就是减少人员的数量。

而根据"彼得原理"，减少人员的最佳方法，就是把合适的人放在合适的岗位上，让每一个人都发挥出他的最大价值。

比尔·盖茨曾说过："如果把我们顶尖的二十个人才挖走，那么，我告诉你，微软就会变成一家无足轻重的公司。"

比尔·盖茨相信，一家公司发展的核心竞争力在于它所拥有的顶尖人才。把顶尖人才放在合适的位置上，他们一个人创造的价值能抵得过一百个庸才；但若是把顶尖人才放错了位置，尤其是因为不合理的晋升制度把他们晋升到无法胜任的管理岗位上，那么，按劳伦斯·彼得的说法，每一个顶尖人才都不得不雇用一百个庸才来完成本来由他一人就能完成的工作——这是何等的得不偿失！

德西效应：
挖掘真正的“内部动机”

1971年，心理学家爱德华·德西曾进行过一次著名的实验，他随机抽调一些学生去单独解一些有趣的智力难题。

这个实验分为两个阶段：

第一阶段，抽调的全部学生在解题时都没有奖励。

第二阶段，将学生分为奖励组和无奖励组，奖励组每完成一道难题后，就得到一美元的奖励；而无奖励组学生仍像原来那样解题，没有奖励。

第三阶段，为休息时间，被试者可以在原地自由休息。

然后，德西的研究人员持续观察学生的行为，发现奖励组在第二阶段确实十分努力，但在第三阶段继续解题的人数却很少，无奖励组则有更多的人在休息时间继续解题。

由此，德西得出结论：在某些情况下，人们在外在报酬和内在报酬兼得的时候，不但不会增强工作动机，反而会降低工作动机。

通俗地说，就是让人们对某件事非常感兴趣（内在报酬）时，如果同时提供了物质奖励（外在报酬），那么，反而会减少人们对这件事情的兴趣。

这个理论，被称为“德西效应”。

“德西效应”产生的一个重要原因，就是外在报酬和内在报酬的不兼容性，当人们因为兴趣、爱好或者成就感等内在报酬而努力的时候，他们相信这件事情是纯粹为自己而做的，最大的价值是取悦自己。

而当人们获得物质奖励等外在报酬的时候，心态就变了，一是变得患得患失，唯恐自己的努力配不上奖励，或者觉得奖励配不上自己的努力。

第二个原因，也是最重要的原因是他们的动机会从取悦自己逐渐变成取悦报酬的给予者（外部评价体系），即使当事人并没有意识到，但这种动机转换还是会随着一次次的物质奖励而逐渐在潜意识中扎根。最终，从“自驱”变成了“他驱”，兴趣也自然而然地跟着消失了。

有一个故事，可以说完美地诠释了“德西效应”：

一群孩子在一位老人家门前嬉闹、喧哗，令老人难以忍受。于是，他出来给了每个孩子二十五美分，对他们说：“你们让这儿变得很热闹，我觉得自己年轻了不少，请你们继续在这里玩耍，我每天都会给你们钱表示谢意。”

孩子们当然很高兴，第二天仍然来了，一如既往地嬉闹。老人再次出来，这次却只给了每个孩子十五美分。他解释说，自己没有收入，只能少给一些。这一回，孩子们有些失落。

第三天，老人只给了每个孩子五美分。到第四天，孩子们依然来嬉闹时，老人不再出来给他们钱了。于是，这些孩子非常生气，他们发誓再也不来这儿“增添热闹”了。从此以后，他们果然没有再来嬉闹过。

这个故事里，老人成功地把内在报酬（玩耍的愉悦感）转换成了外在报酬（直接给钱），也因此把孩子们原先乐在其中的玩耍变成了一份有报酬的工作——他们失去了兴趣，当报酬停止后，也就没有玩下去的动机了。

这个故事可以算是通过“德西效应”操控人心的典型，不过，在企业管理领域，“德西效应”发挥的往往是负面作用。

你会发现，很多企业都是通过薪酬体系来实现员工激励的，但是，薪酬作为一种典型的外在报酬，一不小心就会触发“德西效应”，反而影响了员工的主动性。

所以，自从“德西效应”被提出之后，管理界对于薪酬激励制度重新做了很多探索，一个重要的原则就是激发员工对工作本身的兴趣。正如当年乔布斯邀请库克加盟苹果时所说的一句话：“你是愿意继续卖糖水，还是愿意和我一起改变世界？”

尤其是站在时代前沿的互联网科技公司，都会通过“改变世界”的愿景和以解决问题为乐的极客文化来作为激励员工的主要手段，同时，以不低于同行业平均水平的薪酬福利来解决员工的后顾之忧，营造出一种“工作是为了兴趣，而获取薪酬只是为了更好生活”的氛围，真正让内在报酬和外在报酬达到平衡。

不值得定律：“必须做”不如“值得做”

“不值得定律”有一个非常直观的表达：“不值得做的事情，就不值得做好。”这是一个管理心理学中的经典定律，反映出人们的一种心理，即一个人如果从事的是一份自认为不值得做的工作，往往会持冷嘲热讽、敷衍了事的态度。不仅成功率小，而且，即使成功了也不会觉得有多大的成就感。

这个表述看似简单，却反映出一个颠扑不破的真理——不要用强迫的手段或金钱来领导下属，而是要让员工心甘情愿地做事。

正如著名的效率专家史蒂芬·柯维所说的：“每个人都想要优厚的薪俸、年终红利、股票分红……真正的激励绝非只靠金钱这种东西。而让他觉得有目标，他所从事的是一项有价值的、对双方都同样重要的工作，这才是真正能产生激励作用，并激发他们无限潜能的原点。”

许多人都曾经这样问正在谷歌工作的员工：“你为什么留在谷歌？”而这些员工也曾这样自己问过自己。

这个问题的答案却非常简单：因为谷歌有很多机会让员工在日常工作中找到成就感。虽然有人曾经这样开玩笑："只有成就感是你的，成功却都是拉里·佩奇的。"但这些员工依然为能有这样的工作而感到自豪和满足。

这是因为谷歌的领导者懂得通过各种手段，使员工感到谷歌是一个能充分发挥自身聪明才智的地方。其中，最重要的一点就是让每个员工看到他们的聪明才智和每一次努力是如何融入产品并被全世界的人使用的——由此产生的成就感足以驱使员工更加努力地工作，并乐此不疲地"改变世界"。

美国心理学家马斯洛认为，人类最普遍的心理需求就是期望自己被重视、被认可。只要让员工觉得自己的工作对公司有价值，对世界有价值，甚至对全人类有价值，那么，他们就会愿意做任何事情。

换句话说，激励的诀窍就在于让员工觉得他们所做的事情有价值、值得做。管理者越能让下属产生这种"值得做"的心态，那么，下属给予管理者的反馈就越积极，所带来的工作成效也就越显著。

除了直接告诉下属他的工作很重要之外，让一份工作看上去"值得做"的另一个因素是它的挑战性。管理大师德鲁克认为，有挑战性但通过努力又可以胜任的工作，最能激发人的积极性。因为没有人喜欢平庸，尤其对那些风华正茂、干劲十足的员工来说，成功的满足感需要由富有挑战性的工作来满足——这种满足感比实际拿多少薪水有更强大的激励作用。

美国玫琳凯化妆品公司是具有二十五年销售经验的玫琳凯女士

在退休的那一年——1963年创办的。到现在，这家公司由最初的九名雇员发展到在全世界拥有二十余万员工，年销售额超过数十亿美元的大公司，并且在世界各地拥有一个庞大的经销网。而玫琳凯在管理上的成功之道，就是让员工感觉自己的工作具有挑战性。

正如玫琳凯女士说的：“你若能使一个人产生挑战的欲望，他就会欣喜若狂，就会发出冲天的干劲，小猫就会变成大老虎。”

玫琳凯曾有这样的叙述：“记得有一次，我和另外五十七个推销员为了得到一个十分吸引人的奖赏——到一位著名企业家家中做客，做了一次为期十天的极其艰难的推销旅行。我们以车为家，日夜推销，途中还有几辆车出了问题。但是，那个奖赏的诱惑足以抵消这些艰难困苦。我们心中无比渴望得到那位企业家的接见。”

适当的挑战性能让一件艰苦的事情变得意义非凡，让人在挑战中获得成就感，从而产生积极的反馈。可见，在一个组织中，员工如果只是因为命令或者报酬而不得不工作，那么，其工作积极性就会锐减。

“不值得定律”告诉我们，每一位管理者都应该知道，让每个员工认识到自己工作的价值或者挑战性所在，让他们觉得这份工作“值得做”而非“必须做”，这会鼓舞他们有更出色的表现，为实现公司的目标而全力以赴。

雷尼尔效应：
用“心”留人，胜过用“薪”留人

“雷尼尔效应”源于发生在美国西雅图华盛顿大学的一次风波。

华盛顿大学位于北太平洋东岸的西雅图市，华盛顿湖等大大小小的水域星罗棋布，尤其是位于西雅图南面的雷尼尔山，在天气晴朗时，从校区可以直接望见山上的雪线和白云，令人流连忘返。

有一年，校方决定在华盛顿湖畔修建一座体育馆，本来是一件好事，没想到却引来了全校教授的强烈反对。原来，体育馆正好修到了教职工餐厅和雷尼尔山的连接线上，挡住了教职工欣赏窗外湖光山色的视线。

教职工们的抵制态度异常坚决，并且声称，一旦体育馆落成，他们将毫不犹豫地辞职。这时，校方才发现，与当时美国的平均工资水平相比，华盛顿大学教授们的工资要低20%左右。而很多教授之所以接受华盛顿大学较低的工资，完全是因为留恋华盛顿大学周边的美丽风景。现在校方要毁掉美景，那些教授们自然会不惜以离职相要挟。

结果，校方更改了体育馆的选址，教授们胜利了。

可以说，华盛顿大学教授的工资，80%是以货币形式支付的，20%是由美好的环境来支付的。所以，这次风波后，华盛顿大学的教授们将这种心态戏称为“雷尼尔效应”。

“雷尼尔效应”揭示出薪酬的作用并非完全不可替代，想留住优秀员工，除了高薪，独特的环境也很重要。这里的环境既包括自然环境，还包括独特的人文环境，比如：催人奋进的企业精神，员工之间及员工与老板之间能和睦相处，能满足员工的各种层次心理需求，帮助员工成长以及实现自我价值，获得成就感，提高幸福感，等等。

因此，一家公司不仅要靠待遇留人，还要靠感情、事业、制度留人。企业要关注员工的高层次需要，而不是完全以金钱来代替。

因此，很多优秀的领导者都愿意将自己的企业建设成一个和睦的“大家庭”，通过和谐的企业环境、企业文化培养员工对企业的认同感和归属感。

斯宾塞公司是英国销售服装和食品的大零售商之一。2001年7月，斯宾塞公司所在的街区被恐怖分子袭击，定时炸弹炸毁了包括斯宾塞公司在内的好几家商店。第二天一大早，该店的所有员工在没有人号召的情况下，不约而同地早早来到店里，清理一片狼藉的店面。所以，在其他相邻的商店开始清扫现场时，斯宾塞公司已经开始接待顾客，开门正常营业了。为什么斯宾塞公司的员工对企业有如此之高的忠诚度和责任感？这是因为斯宾塞公司一贯重视和关心自己员工的福利待遇。管理层把每个员工都看作有个性的人，每个人事经理都要对其所管理的员工的福利待遇、技能培训和个人的提高、发展负责。

斯宾塞公司每年要拨巨资用于提高员工的奖金和福利待遇，这是一笔相当大的数额，但经营者并不认为可惜。因为慷慨付出只会使员工看到公司的关怀和体贴，让员工大为感动，觉得只有把公司经营好，才有自己的那一份高额收入与丰厚的报偿。正是在这一经营理念指导下，斯宾塞公司的业务蒸蒸日上。

可以说，斯宾塞公司的核心管理理念是让员工觉得自己的利益和公司息息相关——只要公司蒸蒸日上，员工的福利待遇就一定会有所保障。而这一理念也大大增强了公司的凝聚力，不论职位高低、工作轻重、收入多少，员工们都以在斯宾塞公司工作而感到自豪，都把斯宾塞公司的利益当作自己的利益。

日本著名企业家松下幸之助认为，能否使员工产生归属感，是赢取员工忠诚，增强企业凝聚力和竞争力的根本所在。而根据“雷尼尔效应”所揭示的原理，这种归属感不仅仅是来自薪资等物质激励，同样也来源于自然环境、企业环境、工作氛围等软性条件。

换句话说，在经营管理中，想要获得员工的忠诚度，要么给出远远超过同行的薪资待遇，要么就把软性工作条件提上去，满足员工的精神需求，从而使他们感受到自己的工作单位就如同一个大家庭一样，在工作中足以获得家庭式的温暖和归属感。

罗森塔尔效应：
寄予什么样的期望，就会培养什么样的人

1968年，美国心理学家罗伯特·罗森塔尔博士曾在加州某所学校做过一个著名的实验。

在新学期初，罗森塔尔和他的研究团队来到一所小学，他们在一至六年级各选了三个班的学生进行煞有介事的“预测未来发展的测验”，然后，列了一个“拥有优异发展潜能”的学生名单给教师。并且，他们再三叮咛，虽然这些学生的发展潜力比同龄的孩子要高，但还是要像平常一样教他们，不要让这些孩子或家长知道他们是被特意挑选出来的。

事实上，这些孩子并不是被特意挑选出来的，而是随机抽取的。当然，“预测未来发展的测验”显示他们“拥有优异发展潜能”的说法也是假的。

一年之后，罗森塔尔回到这所学校，发现这些被挑选出来的学生都取得了很大的进步，其中一部分学生的期末考试分数甚至比一年前高出了好几倍。

因此，罗森塔尔得出了结论：正是这些教师对学生的期待，使得学生产生了一种努力改变自我、完善自我的进步动力。罗森塔尔将这种心理现象称为“皮格马利翁效应”（源于古希腊传说中的塞浦路斯国王皮格马利翁），在心理学上又被称为“罗森塔尔效应”或“期望效应”。

它表明：在本质上，人的情感和观念会不同程度地受到别人的影响。人们会不自觉地接受自己喜欢、钦佩、信任和崇拜的人的影响和暗示。

“罗森塔尔效应”揭示的是一种普遍心理，那就是对他人有所期望，同时期望他人对自己有所期望……尤其是后者，是人们实现自我价值的本能需要。当得知别人对自己有所期望的时候，你心中会有一股满足感、被期待感油然而生。为了保持这种感觉，人们会不自觉地按照别人的期望来塑造自己，最终真正变成别人所期望的样子。

绝大多数人都有过这样的经历：当自己的领导告诉自己“我对你抱有很大的期望”，或者“我对你很有信心，你一定能将这份工作干好”的时候，心中就会产生一种无法形容的兴奋感；而自己的所作所为一旦辜负了领导的期望，就会产生严重的负罪感。

由此可见，利用“期望效应”来使他人按照自己的意图行事是一个非常明智的方法。尤其是处于领导地位的管理者，对下属满怀期望，并让下属了解到自己的这种期望，所产生的积极影响远远高于单纯地下命令或者其他激励形式。

在第二次世界大战期间，由于兵力不足，苏联曾动员一批关在监狱里的犯人上前线战斗。为此，苏联内务人民委员部派遣了几名心理学家对犯人进行战前的训练和动员，确保这些罪犯的战斗力。

训练期间，这些心理学家们并不过多地对罪犯进行说教，而特别强调他们每周必须给自己的亲人写一封信。信的内容由这些心理学家统一拟定，叙述的是犯人在狱中的表现如何好、如何积极地改过自新等。然后，这些心理学家要求犯人们认真抄写后把信寄给自己最爱的人。

三个月后整训结束，罪犯们开赴前线，心理学家随行，并要求犯人继续写信，只不过信中的内容变成了自己是如何服从指挥、如何勇敢作战等。

事实证明，这批罪犯在战场上的表现正如他们信中所说的那样服从指挥、英勇拼搏，甚至在整体纪律性上也表现出了不逊于正规军的水平。

战争结束后，苏联心理学家将这种心理引导手段称为“贴标签效应”——这种心理效应和“罗森塔尔效应”可谓异曲同工：这些罪犯的家信让亲人们对他们产生了强烈的正面期待，而这种期待反过来又激励着他们像真正的军人一样作战。

这就是期望的力量，所以说，那些经常把“你不行”“你真是个废物”挂在嘴边的管理者其实是十分愚蠢的。因为这种负面期待会让下属产生“既然你对我期待这么低，那么哪怕做得再差我也无所谓了”的自我暗示。时间长了，他就真的会朝着“废物”的方向发展下去。

当然，“罗森塔尔效应”本质上是一种心理暗示，因此需要适可而止，如果所寄予的期望过大，甚至于超过对方的能力范围的话，就会给对方造成沉重的心理负担，令对方惶恐不安，进而自暴自弃，反而会事与愿违。

破窗效应：
不要轻易打破任何一扇窗户

“破窗效应”最早是一个犯罪学理论，由美国政治学家詹姆士·威尔逊及犯罪学家乔治·凯林提出，而该理论源于1969年美国斯坦福大学心理学家菲利普·津巴多的一项实验。

当时，津巴多找来两辆一模一样的汽车，把其中的一辆车的车牌摘掉，把顶棚打开，然后停在犯罪率极高的纽约布朗克斯区的一个拉丁裔居民社区内，而另一车则原封不动地停放在治安相对较好的加利福尼亚州帕洛阿尔托某个中产阶级居民社区内。不出所料，停在拉丁裔居民社区的那辆车当天就被偷走了，而停在中产阶级居民社区的那辆车一周后也没有人动它。

然后，津巴多又用锤子把停在中产阶级居民社区的那辆车的车窗玻璃敲了个大洞。没想到的是，仅仅过了几个小时，这辆车居然也被偷走了。

基于这个实验，威尔逊和凯琳提出了“破窗效应”理论。他们认为：如果有人打破了一幢建筑物的窗户玻璃，而这扇窗户又得不到及时维修，那么，这扇破窗户就会变成某种示范性的标志，从而纵容他人去打破更多的窗户。久而久之，这些破窗户就给人造成一种无序的感觉，犯罪活动也会因此而滋生、蔓延。

事实上，这一效应在企业管理中也具有重要的借鉴意义。在实际工作中，有一种叫“预防性管理”的思想，认为要想避免管理中不想要的结果出现，就要在事情初现端倪的时候把苗头扼杀在襁褓之中，绝不要轻易打破任何一扇窗户，尤其是对于触犯企业核心价值观念的一些小奸小恶，必须做到随时处理，将其消灭于萌芽状态。

美国洛斯威公司一直以人性化管理著称，但有一次，管理者却因为一个小问题开除了一名资深员工。

当时，资深车工杰瑞为了赶在中午休息之前完成2/3的零件，在切割台上工作了一会儿之后，就把切割刀前的防护挡板卸下来放在一旁——因为没有防护挡板收取加工零件会更方便、更快捷一点。一个小时之后，杰瑞的举动被走进车间巡视的主管发现并记录下来。

主管要求杰瑞立刻将防护挡板装上，同时将他一整天的工作量全部作废。这还没完，第二天，杰瑞上班的时候突然被通知去见总裁。在那间杰瑞受过多次鼓励和表彰的总裁室里，总裁亲口通知杰瑞，他被辞退了。总裁对杰瑞说：“身为老员工，你应该比任何人都明白，安全对于公司意味着什么。你今天少完成几个零件，少实现利润，公司可以换个人换个时间把它们补回来，可是，一旦发生安全事故，那么无论如何都补偿不了了。”

杰瑞明白，他这次触犯了公司的铁律。他同样明白，如果他没有受到处罚，那么这条铁律就会像被开了个小口子的堤坝一样，决堤只是迟早的事情。所以，他没有做任何争辩，流着泪接受了公司的决定。

作为一位管理者，我们应当认识到“破窗理论”在企业中的重要作用。对于任何破坏性的征兆都要充分重视，加重处罚力度，严肃团队纪律，只有这样才能防止有人效仿，使得问题积重难返。与此同时，还要鼓励、奖励“补窗”行为。使员工不以“破窗”为理由，而以“补窗”为己任。

常言道：“人无远虑，必有近忧。”任何大问题都是一堆小问题积累起来的，只有时时绷紧“破窗”这根弦，不要轻易打破任何一扇窗，才能避免最后的千疮百孔、不可收拾。

第十三章

史华兹论断：合适的选择，就是好的选择

史华兹论断：
“幸福”与“不幸”

“所有的坏事情，只有在我们认为它是不好的情况下，才会真正成为不幸事件。”这就是著名的“史华兹论断”，源于美国管理心理学家史华兹。

史华兹曾经讲过一个故事：两只小鸟在天空中飞行，其中一只不小心折断了翅膀。无奈，它只好就地栖息疗伤。而另一只小鸟一边独自飞行，一边在心中惋惜，觉得伙伴受了伤，太不幸了。可是它没有注意到，不远处一个猎人正在举枪瞄准它。最后，这只本以为自己很幸运的小鸟惨死在了猎人的枪口下，而它认为不幸的小伙伴在养好伤后继续出发了。

史华兹想说明的是，幸福往往就是这样，总喜欢披着一件“不幸的外套”走进我们的生活。所以，我们能不能获得幸福，取决于我们能不能从不幸中看到幸福的影子。

事实上，时间是永不停息的，世界是不断发展、变化的，幸福与不幸不是永恒不变的，眼前的一切，不过是时间轴上一个点的描述。我们只有学会从不幸中看到幸福，才能采取有效的措施，扭转所谓的不幸的趋势。只有学会放眼前方，用心去寻找、捕捉那隐藏于不幸中的幸福，最终才会发现，在这个无限延伸、充满变数的轴线上，自己真的得到了幸福。

一个古老的寓言故事也表达了同样的道理：

有一个农夫住在山上，他每天都要到离家很远的地方去挑水。农夫有两个罐子，他把罐子拴在杆子的两端担在肩上，就这样每天去山下取水。其中一个罐子完好无损，另外一个有裂缝，每次，那个完好的罐子总是能装回满满一罐子水，而有裂缝的罐子在回家的路上总是漏很多水，到家时仅仅剩下半罐水。

完好的罐子为自己的完美工作沾沾自喜，而有裂缝的罐子则为自己的裂缝感到羞耻，它总觉得愧对农夫。有一天，它实在受不了了，就对农夫说："我要向你道歉，因为我的缺陷，你每次都只能得到半罐水，你的劳动没有得到应有的回报。"

农夫对它说："挑水回来的时候，别只顾着悲伤，看看路边的景色。"当农夫走上山坡时，破损的罐子发现自己又开始漏水了，心里很难过，想起农夫的话，就朝下看了一下。它看到在它的身下开满了美丽的鲜花，这些花儿在阳光里幸福地微笑。这时，农夫说："只有在你那边的路上才开出了美丽的花，那是因为我早就发现你有裂缝，就在你的身下撒上了很多花卉的种子，你每天都给它们浇水。你看，花儿开得多么漂亮啊！每当挑水觉得累时，低头看看这些花草，我就觉得很快乐，你难道不觉得快乐吗？"闻着一路的芳香，有裂缝的罐子开心地笑了。

这个世界上没有纯粹的幸福或是不幸，就像没有完美无缺的东西一样。要知道，如果没有不幸，就像一篇文章没有灵魂，一首诗没有思想，仅仅是华丽辞藻的堆砌或单纯的情绪宣泄，不能给人以启迪，不能让人深思。因为没有经历过不幸的人生不是完整的人生，不幸是人生道路的必经之路。可是，不幸的背后却始终会隐藏着幸运，幸与不幸，唯一的区别就是看待它的角度。

史华兹论断告诉我们，要学会坦然地接受生活中的所有幸与不幸，即便是天大的不幸，只要我们能以平常心坦然地接受，把它看作人生中的必要体验，找出蕴含在其中的幸福的因子，那么，它也会让你感受到幸福。

是的，不幸中也有幸福的体验。有人说过：生活就像是剥洋葱，总有一片让你流泪。有些不幸就是那让你流泪的洋葱，换个角度看，它依然是每个人生活经历中的一部分，也可以是一种“别致的幸福”。

贝勃定律：
幸福本质上是种“敏感度”

有人做过一个实验：一个人双手各举着三千克的重物，这时在其左手上再加上一百克的重物时，他并不会觉得两者有多少差别，直到左手重物再加六百克时才会觉得有些重；如果双手都举着十千克重的物体，那么，只有在他的左手加上超过一千克的重物时，他才会明显感受到两边重量不一样。也就是说，原来的砝码越重，之后就必须加更大的量，人才能感觉到差别，这种现象被称为“贝勃定律”。

“贝勃定律”揭示了一个普遍存在的社会心理学现象，即当人经历强烈的刺激后，他对这类刺激的免疫能力会大大提升——就心理感受而言，第一次大刺激会让第二次的小刺激变得微不足道。比如：原本一元钱的东西突然变成了十元，我们定会感到无法接受；可原本一万元的电脑涨了一百元，我们却不会有太大反应。

从“贝勃定律”中我们可以推论出一个铁律——幸福递减。简单地说就是“得到的越多，感受到的幸福就越少”。同样是一个面包，带给一个饥肠辘辘的穷人和一个饱食终日的富豪的幸福感是截然不同的——并不是因为他们得到的幸福总量不一样，而是两者对一块面包的幸福感受能力不一样。

正如“贝勃定律”所阐释的，人在处于较差的状态下，一点微不足道的事情都可能会让他兴奋不已；而当所处的环境渐渐变得优越时，人的要求、欲望等就会随之提升，感受到幸福的能力就会大大降低。所以，很多时候，当我们感觉不到幸福的时候，可能幸福依然在周围，只是内心失去了对它的感受力。

法国有一个寓言故事：一位国王带领军队去打仗，结果全军覆没。为了躲避追兵，他与部下走散了，在山沟里藏了两天两夜，其间粒米未食、滴水未进。后来，他遇到一位砍柴的老人，老人见他可怜，就送给他一个用粗粮和干菜做的菜团子。饥饿难耐的国王狼吞虎咽地把菜团子吃光了，当时他觉得这是全天下最好吃的东西。于是，他问老人，如此美味的食物叫什么，老人说叫“饥饿”。

后来，国王回到王宫，下令厨师按他的描述做“饥饿”，可是怎么做也没有原来的味道。为此，他派人千方百计找来那个会做“饥饿”的老人。谁料，当老人给他带来一篮菜团子时，他却怎么也找不到当初的那种美味。

真正让国王感受到幸福的不是菜团子，而是他的“饥饿感”。饥饿时，即使是剩菜馊饭也吃得津津有味；酒足饭饱时，纵使是山珍海味也难以下咽。这就是“贝勃定律”为我们揭示的真理。

古罗马哲学家塞涅卡曾说：“如果你不能对现在的一切感到满

足，那么，纵使让你拥有全世界，你也不会幸福。”

曾经有人做过幸福调查，对社会上不同阶层的人进行询问：“你觉得自己过得幸福吗？”在受访人群中，有80%的人都觉得自己不幸福，都有这样或那样的抱怨、不满和牢骚！

难道真的有这么多的人都过得不幸福吗？说到底，其实是很多人渐渐丧失了感知幸福的能力. 在满足自己一个接一个的欲望的过程中走得太匆忙了，以至于匆忙到忘了感知过程的美好与艰辛——没有了感知又怎么会幸福？

幸福不是实体，而是一种感受，能获得多少幸福，只取决于我们对幸福的敏感度。知足者常乐，时刻提醒自己：只要懂得用心去感受，幸福就一定在我们身边。

狄德罗效应：
幸福来自给生活做减法

法国哲学家丹尼斯·狄德罗写了一篇文章，叫《与旧睡袍别离之后的烦恼》。这篇文章讲的是有一天，朋友送他一件质地精良、质量上乘的睡袍，狄德罗收到这件礼物后非常喜欢。可是，当他穿上华贵的睡袍时，突然觉得周围的家具那样破旧不堪，不但颜色过时了，风格更是和身上的睡袍不搭。于是，为了与睡袍相匹配，他就买了新的家具，终于让周围的环境配合了睡袍的档次，可是，这样做他却感到很不舒服。因为，在一时的冲动过后，他发现“我居然被一件睡袍胁迫了”。

20世纪初，美国哈佛大学经济学家朱丽叶·施罗尔在《过度消费的美国人》一书中提到了狄德罗这篇文章，并提出了一个新概念——“狄德罗效应”，专指这种拥有了一件新的物品后，不断配置与其相适应的物品以达到心理平衡的现象。

“狄德罗效应”被称为“人类最难以摆脱的十大心理之一”，它揭示的是一种常见的“愈获得愈不满足”的心理现象，即在没有得到某种东西时迫不及待，而一旦得到就得陇望蜀。

人们会落入“狄德罗效应”的陷阱，根本原因在于没有意识到自己渴望的很多东西其实都是无用的。就像偶然得到了一件睡袍的狄德罗，他开始渴望跟睡袍更相配的各种家具，但他没有意识到，睡袍本身并不需要家具来衬托——那些老旧家具不是配不上他的新睡袍，而是配不上他已经开始膨胀的欲望。

在我们的生活中，总有着太多可有可无的欲望。如果我们能把这些无用却时时烦扰我们的东西从生命中清除出去，就有足够的时间来跟随自己的心，感受简单生活中所蕴含的幸福。

生活需要简单来沉淀，那些过高的期望并不能给人带来快乐，却一直左右着我们的生活。比如，找到一份心仪的工作后就希望能拥有美好的婚姻，然后希望拥有宽敞豪华的寓所，然后希望让孩子享受最好的教育……当这一切都实现后，许多人依然不满足，因为还希望争取更高的社会地位，成为更有钱的人，能买得起高档商品，承受得了更奢华的消费——而最开始，我们只是想要找一份工作使自己不至于饿死而已。

正是这些永无止境的追求，让许多人陷入“狄德罗效应”的陷阱中无法挣脱。现代人总感觉活得很累，身上背负的重担越来越多，原因就在于人们不懂得放弃那些生命中无用的东西，并且让心灵承受过多的欲望和枷锁。

那么，如何才能摆脱“狄德罗效应”的陷阱呢？古希腊大哲学家苏格拉底的故事或许可以给我们一些启示：

有一天，苏格拉底带着学生去雅典最热闹的集市上课。逛完集市后，苏格拉底问学生：你们在这个集市里都找到了什么？学生们七嘴八舌地回答说：“集市里的东西可多了，有很多好吃的、好看的和好玩的，有数不清的新鲜玩意儿，衣、食、住、行各方面的东西应有尽有。如果不是因为老师您在讲课，我们一定会买上满满一车商品回家。”

苏格拉底点点头，然后说道：“我却跟你们相反，在这个集市中，我发现，这个世界上原来有那么多我并不需要的东西。”随后，苏格拉底说：“当我们为奢侈的生活而疲于奔波的时候，幸福的生活已经离我们越来越远了。幸福的生活往往很简单，比如，最好的房间就是必需的物品一个也不少，没用的物品一个也不多。”

生活中有些无用的东西如果不是我们应该拥有的，那么，就要学会放弃。只有懂得放弃，才能制止欲望的无限膨胀，才能让自己活得更加充实、坦然和轻松。跳出“狄德罗效应”的唯一办法就是遏制、削减自己过多的欲望，抛弃那些纷繁而无意义的欲望，让自己的生活更加充实、简单、美好。

鳄鱼法则：
关键时刻的取舍之道

“鳄鱼法则”本是投资心理学的理论之一，也叫“鳄鱼效应”。它的意思是，假定一只鳄鱼咬住你的脚，如果你用手去推挡鳄鱼以把脚挣脱出来，鳄鱼便会同时咬住你的脚与手。你越是挣扎，被鳄鱼咬住的身体范围就越大。所以，万一鳄鱼咬住你的脚，你唯一的办法就是牺牲一只脚。

舍弃一条腿——听上去是多么残酷的选择，但其实这种现象在大自然中并不罕见：

在非洲大草原上，为了争夺被狮子吃剩的一头野牛的残骸，一群狼和一群鬣狗发生了冲突。尽管鬣狗死伤惨重，但由于数量比狼多得多，也咬死了很多狼。最后，只剩下一只狼王与五只鬣狗对峙。显然，双方力量相差悬殊，何况狼王还在混战中被咬伤了一条后腿。

那条拖在地上的后腿成为狼王无法摆脱的负担。眼看鬣狗一步一步靠近，狼王突然回头一口咬断了自己的伤腿，然后向离自己最近的那只鬣狗猛扑过去，以迅雷不及掩耳之势咬断了它的喉咙。其他四只鬣狗被狼王的举动吓呆了，都站在原地不敢向前。在与狼王对峙了几分钟后，鬣狗终于夹着尾巴逃离了。

狼王毅然决然地舍弃了伤腿，因为它明白，如果这时候不舍弃，那么失去的就将是自己的生命。残酷的“鳄鱼法则”在更为残酷的大自然中只是一条最普通不过的、所有生物都明白的丛林法则。可是，人类离开丛林太久了，已经忘了这个法则，所以，总是不愿意舍弃任何东西，最后只能在痛苦中负重前行。

人生需要选择，也需要舍弃，关键时刻的舍弃是智者面对生活的明智选择，只有懂得适时舍弃的人生，才能再续辉煌。

1998年的诺贝尔奖得主崔琦在有些人眼里简直是“怪人”：他远离政治，从不抛头露面，整日泡在书本中和实验室里，甚至，在获得诺贝尔奖的当天，他还像往常一样到实验室里去工作。

更令人难以置信的是，在美国高科技研究的前沿领域，崔琦居然是一个地地道道的“电脑盲”。研究过程中的仪器设计、图表制作，全靠他一笔一画地完成。甚至，即使是发一封电子邮件，他也会请秘书代劳——他的说法是：“这世界变化太快了，我没有时间去追赶!”

崔琦舍弃了世人眼里炫目的东西，为自己赢得了大量宝贵的时间，也赢得了至高无上的荣誉。人的一生很短暂，有限的精力使人不可能方方面面都顾及，而世界上又有那么多的精彩，这时候，舍弃就成了一种大智慧。

舍弃其实是为了得到，只要能得到想得到的，舍弃一些对你而言并不是必需的“精彩”，又有什么不可以呢？

贪婪是大多数人的毛病，有时候，牢牢抓住自己想要的东西不放，就会给自己带来压力、痛苦、焦虑和不安。什么都不愿舍弃的人，往往什么都得不到。

生活中类似这样的人很多，他们总是不愿舍弃眼前的利益，或者害怕舍弃的痛苦，最后免不了被残酷的竞争法则压垮。有长远目光、变通意识的人却能毫不犹豫地舍弃，因为他们知道这会换来巨大的胜利。

“鳄鱼法则”告诉我们，舍弃是为了得到——舍弃一条腿，得到了生存的机会。我们总是只关注舍弃时的痛苦，殊不知，关键时刻如果我们不舍得放弃一些东西，就会遭遇更大的痛苦。人生就像一场漫长的旅行，在旅途中会遭遇许多抉择时刻，这时候，我们总要舍弃一些东西，但同时我们也会收获很多东西……